中国科学家爸爸思维训练丛书

给孩子的网络生存课

张海阔◎著

中国妇女出版社

图书在版编目（CIP）数据

给孩子的网络生存课 / 张海阔著. -- 北京 ：中国妇女出版社，2022.7
（中国科学家爸爸思维训练丛书）
ISBN 978-7-5127-2137-1

Ⅰ.①给… Ⅱ.①张… Ⅲ.①互联网络－少儿读物
Ⅳ.①TP393.4-49

中国版本图书馆CIP数据核字（2022）第099846号

责任编辑：肖玲玲
插画绘制：张涵哲
封面设计：尚世视觉
责任印制：李志国

出版发行：中国妇女出版社
地　　址：北京市东城区史家胡同甲24号　　邮政编码：100010
电　　话：（010）65133160（发行部）　　65133161（邮购）
邮　　箱：zgfncbs@womenbooks.cn
法律顾问：北京市道可特律师事务所
经　　销：各地新华书店
印　　刷：北京通州皇家印刷厂

开　　本：165mm×235mm　1/16
印　　张：12.5
字　　数：180千字
版　　次：2022年7月第1版　　2022年7月第1次印刷
定　　价：59.80元

用已知拥抱未来

哪怕是最神奇的预言家，也无法真正预知未来。未来从来不在言语之中。

哪怕是最弱小的个人，也有可能改变未来。因为，所有未来都是当下行动创造的。

2019 年 6 月，我的《未来学校》一书出版。这本书记录了对未来教育的思考，分析了网络将对人们生活和教育带来的重要改变，从孩子、父母、老师、社会等不同层面提出了若干建议。这本学术专著受到的欢迎，超出我的想象，仅在一家网络平台上，就有 2000 多万人次关注，可见人们对未来的期待和忧虑。许多父母纷纷给我留言：在网络时代，我们该如何教育孩子？

在未来世界，每个人的生活都越来越多地建立在以信息技术、互联网为基础的元宇宙中。如何普及网络安全思维和能力，让孩子们具备更多在网络时代生存与发展的能力，是家庭、学校、社会共同面对的必然挑战。

《给孩子的网络生存课》正是这样一本教孩子在网络时代生存的科普读物。本书以七个章节，介绍了“互联网：新人类的数字基因”“网络安全：互联世界的‘护身符’”“关键信息基础设施安全：基石一样的存在”“网络服务与应用安全：‘黑’与‘白’的对决前线”“网络信息安全：网络信息保护的‘实’与‘虚’”“网络行为安全法则：小心驶得万年船”“法律与人才：为网络安全保驾护航”等网络安全问题。今天的孩子们是“网络原住民”，这些网络知识对于他们来说至关重要。

本书作者张海阔是一位网络专业人士，从事计算机与网络方向的科研工作已经十余年，早已关注到孩子们在接触和使用网络时暴露出来的一系列问题。同时，张海阔也是一位十岁孩子的父亲，“幼吾幼以及人之幼”，以一位父亲的爱心与责任心，写下了这本书。

科普读物应该具有双重作用，一方面是普及科学知识，另一方面是培养科学思维、科学精神。《给孩子的网络生存课》也在这两方面进行了积极的探索。

这本书用“问题大挑战”板块，围绕着诸多具体问题，展开对专业知识的介绍、对网络安全的探讨。孩子们脑海里翻腾着的无数“为什么”，通过这些内容获得解答。可以说，这本书既满足孩子们的求知欲，也自然而然地普及了科学知识。

这本书也用“网络安全思维”“网络安全实验室”“互联网生存法

则”“互联网趣人趣事”等板块，引导孩子们将书中内容和现实生活、自身体验相链接。它从知识普及到探索实践，在网络世界中再次打开一个开放空间，给孩子们提供了更多共同发现的机会，为阅读之后的持续拓展、独立创新提供了有趣的入口。

其实，网络安全不只是个人的事，更不只是孩子的事。就像这本书中所描述的，它涉及个人安全、社会安全乃至国家安全，无论教育者还是孩子，都应该有所了解，避免落入网络安全陷阱。

因此，《给孩子的网络生存课》不仅写给孩子，同时也写给父母和教师。无论是从支持个人生活与成长还是从构建网络安全与生存环境来看，孩子、父母、老师既是各自彼此独立的个体，又是缺一不可的成长共同体。

随着网络时代的飞速发展，少年儿童的网络生活成为教育的关注焦点，也有了越来越多的作品反映这个主题。

前段时间我刚刚推荐了《少年元宇宙》系列童书，恰好与《给孩子的网络生存课》相映成趣。前者是一套儿童文学作品，是软科普，后者是一本网络知识读物，是硬科普；前者以第三代互联网“元宇宙”对少年儿童生活的影响为主题，后者以如何应对互联网的安全问题为主题；前者通过故事，潜移默化地引导孩子如何养成“网络情商”“网络智商”“网络财商”等相关素养，后者本书作者张海阔告诉我，他写这本书“以求让孩子们能够从小具备网络安全的基础认知及应对风险的实操能力，从个人、社会、国家角度树立科学的网络安全观”。

如今人人都知道，未来将是网络和现实越来越深度融合的世界，可是，网络将如何改变未来？今天该如何创造未来？……这些问题都是孩子们要面对的问题，也是父母、老师等教育工作者必须回答的问题。

问题的答案可能有很多。张海阔作为一位十岁孩子的父亲，不仅用心关注到问题，而且以行动努力解答问题，难能可贵，为父亲们做出了表率。如果各行各业的父亲们都能如此行动起来，我们抵达万物互联的时刻可能会更早一点儿，万物互联的世界可能会更美一点儿。

我相信，无论是小手拉大手，还是大手拉小手，只要能够手牵手，就会是一场更加安全的网络之旅，都能够让我们更好地运用已知的知识，拥抱美好的未来。

中国陶行知研究会会长
新教育实验发起人
全民阅读形象代言人
朱永新
2022年6月27日

数字时代的基石

半个多世纪前，阿帕网出现，人类历史由此打开互联网发展的宏阔画卷。不断发展的互联网推动了新一次的生产力变革和文明进化。特别是数据成为新型生产要素，数字化转型已成为不可逆转的趋势，社会经济形态将产生巨大的变革。时至今日，云计算、大数据、物联网和人工智能等新兴产业已然开启通往未来的时光隧道，元宇宙已成为新的科技热点。我们每一个人将经历数字革命浪潮的洗礼。

在澎湃的历史潮头，我们国家的互联网创新力量在激流中勇进，中国迅速发展成为网络大国，不可逆转地成为世界互联网发展格局中的重要力量，并开始擘画网络强国之路。建设一个强大的数字中国，让中华民族在波澜壮阔的数字长河中成就引领世界互联潮流的磅礴气势，是中国少年的使命。

同时，网络空间作为学习、生活的新空间，将成为未来发展和竞争的新高地，必不会是一个理想王国、真空环境。网络空间的安全风险不断叠加，成为影响全球发展的不确定因素。

在世界范围内，大大小小的网络安全事件几乎时刻都在发生。从各类事件中也能够看到，网络安全不只是科学家和技术人士的事，而是和每个人的切身利益紧密相关，甚至关乎国家安全、社会稳定。网络安全意识薄弱、网络安全应对能力不足，往往会给个人、家庭、社会、国家造成无可挽回的重大损失。因此，网络安全科普应该是一件从早开始、持之以恒、久久为功的事业。其中，孩子的网络安全科普行动尤为关键，一个人的网络安全观萌芽得越早，未来受益程度越高。

《给孩子的网络生存课》在这方面做出了好的探索。这本书深入浅出，从网络安全相关事件说起，提出网络安全科普知识点，从思维角度加以深化，再从实践角度辅以现实演习，提供了“从知到会”的方式，简洁、直接又不失趣味和启示思考。相信它不仅会给孩子打开网络安全生存这一扇门，而且会启发孩子探索数字世界的奥秘，追寻数字时代的真理。

网络安全是一项系统工程，网络安全科普教育也是一样的。孩子既是中心点又是辐射点，家庭、学校、社会可以协同发力，共同受益。各方面需要一起构建资源、共同行动，才能使网络安全长城的基石弥坚，构筑起数字时代的安全屏障。

中国网络空间安全协会副秘书长
天津市网络空间安全协会理事长
南开大学网络空间安全学院教授、博士生导师
张　健

2022 年 6 月 25 日

目 录

第二章　网络安全：互联世界的“护身符”

第五章 网络信息安全：网络信息保护的“实”与“虚”

开篇的话

探索并不限于科学领域

上天眷顾，十年前的父亲节那天，我成为一名父亲。那一刻，父亲这个“岗位”让我欣喜不已。“上岗”十载之后，加之念及我的老父亲对我的种种影响和馈赠，我日益感受到“父亲”二字的深沉。

觉醒的父爱

父爱静水流深。无论父亲是哪种性格，他都如老牛舐犊一般疼爱自己的孩子。虽然父爱无声，但永远都在。

父爱不可缺失。父爱的力量正在于，它在很多方面都区别于母爱。这种区别将是一个孩子完整成长和生命体验的稳定支撑。父爱和母爱就像两条腿，只有平衡用力，才能让孩子行稳致远。

父爱理性务实。无论世界是方还是圆，父亲们往往更倾向于在相对冷静和克制的情感中，给出理性、务实的思路和方法。这种来自父亲的“本”和“纲”，往往会对一个人的为人、行事原则甚至重要关口的抉择产生影响。

父爱朴素长远。无论望子成龙有多少含义，父亲们对孩子的真正期待往往也不外乎几点：最大可能地远离危险、疾病、恶习、贫苦，最大限度地接近安全、健康、美德、富足。这些字眼朴实又基础，但它们能够影响一生，决定幸福程度。

但，幸福本身是一个需要努力和追求的旅程。除了心愿，一个父亲还可以更多地做些什么？

近些年，世界知名教育家、演说家和作家卡西•卡斯滕斯发起了一项“世界需要父亲”的活动，其著作《做个真父亲》在世界范围内广受关注。他呼吁父亲回归家庭，担负起父亲的教育责任。这份责任容易被忽视，但又无法被替代。卡斯滕斯的很多观点给了我不少触动，也促使我对怎么当好一个父亲有了更多觉醒和思考。

不可忽视的网络安全

近两年来，在新冠肺炎疫情的影响下，居家及网上学习等客观情况，使得未成年人触网的频率、时长大大增加，由于不能科学、安全用网而引发的成长问题愈发突出，相关危机事件频频见诸媒体。这让我更加关注未成年人的网络安全现实问题。其实，就算没有疫情，出生并成长在互联网时代的新生代孩子，也早已成为名副其实的“网络原住民”。对他们而言，网络已经成为他们学习、生活的一个基础环境。

特别是，随着年龄的增长及身心的快速发展，儿童和青少年对网络的使用需求、使用场景会不断增加，网络诈骗、网络谣言、网络暴力、网瘾等各种问题发生的风险系数也随之增大。相信每一个家长都和我一样，对“安全第一”有切身体会。在互联网生存环境下，网络安全对一个孩子的重要程度，和交通安全、饮食安全等日常生活安全是一样的。

同时，我也了解到，在 2020 年，为落实中央关于加强大中小学国家安全教育有关要求和《中华人民共和国国家安全法》提出的“将国家安全教育纳入国民教育体系”要求，教育部印发了《大中小学国家安全教育指导纲要》。纲要指出，国家安全教育要实现全领域、全学段覆盖，相关内容纳入不同阶段学生学业评价范畴，且纳入大中小学生综合素质档案。16 个领域纳入国家安全教育，网络安全便是其中之一。

这些因素综合在一起，给了我为孩子们创作一本网络安全科普书的动力。作为一名父亲、作为一名长期从事网络安全相关工作的科研工作者，我尝试结合自身专业所学，和我的孩子以及更多孩子聊聊网络安全知识，以及知识以外的事。

事实上，互联网真是一个充满“矛盾”的奇幻空间。它的前身——阿帕网诞生于美苏冷战时期，却给世界的繁荣发展带来了全新驱动力；它能让少不更事的孩子畅行于无穷无尽的数字世界，也能让他们陷于网络成瘾和网络暴力等危险泥沼；它史无前例地促进了人类获取信息的权利平等，也让每个人的私密信息面临风险……

安全驾驭互联网，好比安全驾驶汽车。在百余年的汽车工业中，牢靠的安全带和灵敏的安全气囊依然不能替代良好驾驶习惯的培养。同样，无数专家不分昼夜研发的先进网络安全产品和技术，也不能取代安全用网素养的普及。安全的网络生存意识和方法，是需要不断强化和训练的本领。

突破边界的探索

为了尽可能和孩子们一起轻松、愉快地探讨网络安全生存的话题，我在自身专业研修基础之上，还查阅参考了众多专业文献，握笔一年，做了很多努力。

首先在结构上，总体参照了《大中小学国家安全教育指导纲要》关于网络安全知识要点和基本能力的要求。本书从“新人类的数字基因”开始说起，互联网如何成为未来的基础生存环境，而后通过关键信息基础设施、网络服务与应用、网络信息内容和网络行为四个维度进行分解。同时，书中还针对法律意识的培养和学科素养的启蒙开辟了专章。

在内容上，以实例为背景来引导读者理解网络安全的重要性和现实风险，以“问题大挑战”为路径来聚焦网络安全的关联性知识，以“网络安全思维”为载体来深入引导孩子如何从思想上和思维模式上远离网络危险，以“网络安全实验室”为工具来培养孩子面对网络危险时保护自己的实践能力，以“互联网生存法则”为孩子提炼日常技巧和方法，最后以“互联网趣人趣事”激发孩子对互联网世界的关注和思考。

在形式上，每一个主题点都有故事、有图解、有问有答、有动手实验、有口诀。本书通过一些真实、形象、实操的表述方式，让内容能够直接用于实际生活。总体来说，尽可能增加阅读趣味，减轻阅读压力。

在创作过程中，尤其令我体验深刻的一点在于，我10岁的孩子为这本书创作了插画。可以说，我们开启了一次非常有意义的合作。对于一个孩子来说，进行一次真正意义上的“工作”，其实很难。每一张插画既是他对内容的深入理解，又是他的创造性输出。虽然他在创作中频频遭遇瓶颈，但是他能够坚持完成，我很感动。我们一起讨论和解决问题的过程，尤其令人难忘。让孩子带着乐趣和好奇心学习、工作和生活，让他们在压力和挑战之下重新发现真正的自我，获得自主掌控人生的力量，能做到这些很不容易，但这也正是一个父亲的职责所在。通过这次尝试，我似乎找到了一种方式：在生活中设定一些相对具体的小目标或者类似小项目，合力完成的过程，将带来令人意想不到的收获。我最想传达的体验是，作为父亲，找到参与孩子成长的方法，是一件很有乐趣的事。

其实，仅在网络安全生存这件事上，一个父亲可以发挥的空间有很多。就像我在书中说到的，在网络世界中有问题与风险的挑战、冷静与理性的抉择、勇气与坚持的力量、原则与正义的坚守等，这些非常适合父亲做引领角色。这本书将提供丰富的谈资和实践纽带。当然，爸爸、妈妈通力合作，效果肯定会倍增。如果小朋友们先于自己的爸爸、妈妈拿到这本书，别忘了和他们分享。毕竟，他们也要懂得怎么在互联网世界安全生存！

回顾创作历程，感触颇多。感谢中国妇女出版社的领导和朋友们，大家的鼓励和支持，让我有勇气直面创作过程中的各种困难与迷惑；感谢我的爱人，在创作乏力时能给我无微不至的关心和帮助；感谢我的孩子，让我拥有无限的动力；更感谢我的父亲，因为有了那些曾经的谆谆教导，才能让我懂得“幼吾幼以及人之幼”的父爱情怀。创作期间，我查阅《中华人民共和国网络安全法》等诸多法律法规，参考《计算机网络（第 7 版）》等多种著作文献和国内外科技论文的前沿观点，引用《中国互联网络发展状况统计报告》等行业权威报告发布的新近数据，特此一并向诸多相关领域的前行者和同行致以深深的敬意和感谢。创作过程中所得帮助很多，由于篇幅原因，不再一一列举，就此止笔，但铭记心中。

时间有限，能力有限。这本书一定还有许多不足之处，欢迎读者朋友们批评指正。我也期待以书会友，和广大父亲朋友们一起为“父亲”二字找到更多含义，一起在做父亲这条路上继续探索。

让我们一起与未来干杯，祝孩子们年少有为！

第一章

互联网：新人类的数字基因

无处不在的互联网，未来比想象更酷

“砰！”

一个足球嗖地飞出去，击中了不远处一面画着十六宫格的墙体。瞬间，墙面的顶端滚动出一行字——总进球数：55 个。现场顿时爆发出一阵欢呼声。

没错，这就是一场足球赛。刚刚得分的球员是一个 7 岁的小男孩，正在成都参赛。而他的对手，此时却身处佛山和重庆。没有传统

球门不说，球员们还不在同一个球场上？

是的。这就是2021年举办的第二届全国智能体育大赛·智能足球跨城赛决赛里的一幕。

在这场赛事中，选手面对的“球门”其实是一面智能足球墙。这种墙里可没有水泥和砖块，而是由数字屏、传感器等材料组成，再加上5G、云计算、大数据等高新技术，就可以让不同年龄、不同地区的选手一较高下。像在高分挑战赛中，墙面上十六宫格颜色变幻越来越快，会极大地挑战选手的足球基础、肌肉记忆和踢球精准度。

听起来有点儿新鲜，甚至有点儿刺激，对吗？当你跃跃欲试的时候，会不会觉得这样的活动离自己还很遥远？No，No，No！

参赛的小球员就是因为经常在家附近的智能足球场玩耍，结果练出了水平。而且，像这样的智能足球场已经在重庆、甘肃、四川、湖北、广东等不少地方的生活社区落地了。从自主扫码进场到自由切换训练项目，从个人技巧提升到结伴提升配合技术再到跨城足球赛等，都可以在智能足球场实现。而在这些“训练”和“球赛”中，你可能既见不到球场管理员，也见不到教练、队友和对手。怎么做到的呢？其实，这背后有一张“无形之网”，是它让这一切成为可能。这张神奇的网就是互联网。

互联网的神奇之处就在于，它像拥有魔法一般让很多想象成为现实。除了上面说到的智能足球墙，机器狗、机器牛和机器马也已经进入人类的生活和工作。比如，“头顶”带显示屏的“机器人厨师”不仅可以从网上下载菜谱，而且可以自行设置少油、少甜、少辣等口味。它的“身体”中还藏着食材筐和炒菜锅，设置好程序就可以自动炒菜。机器狗可以在安防巡检、探测、公共救援中做很多工作……

而你呢？你知道自己和互联网之间发生了什么吗？你为什么可以在手机或者电脑上和陌生人隔空组队打游戏？买东西时为什么可以扫码支付？新冠肺炎疫情突袭之时，你是不是会上网学习，家人是不是常常开视频会议、线上购物、网上看病？你是不是碰见过无人配送车送快递、机器人调酒上菜？你有没有坐在教室里通过直播看中国航天员在中国空间站展示太空“水球”沸腾等奇妙实验？……哪怕其中有一个问题让你回答了“Yes”，你就成了“网中人”。

但是你知道吗？这个名为“互联网”的家伙，从诞生到现在只走过了 50 多年，而中国全功能接入国际互联网也只有 20 多年，但它已经让不少科幻故事场景来到你的身边。那么，未来的 50 年，你敢不敢想象？比如，眼下“数字孪生”技术的探索与应用带来了数字“分身术”，我们能不能让自己的“分身”生活在互联网的数字空间中，让你在“元宇宙”中拥有“第二人生”？

再比如，我国研制的北斗系统是世界首个集定位导航、授时和短报文通信为一体的卫星导航系统，能够按照“何人、何时、何处”等基本要素提供服务，成为信息社会万物互联的基石，不仅方便我们日常生活，而且为我国应急抢险提供关键支撑。我国正在研制第六代移动通信标准，也被称为“6G”，它将融合地面无线信号与卫星通信信号，创建一个随时随地的智慧网络，实现一个“空—天—陆—海”全连接的新世界。当互联网全面进入太空不再是遥不可及的梦想时，你是否计划成为“宇宙人”？

是的，新人类图景就是在这些充满问题的想象中徐徐展开。那么，面对一个充满互联网数字基因的酷世界，你准备好了吗？

问题大挑战

● 互联网到底是什么？

互联网就像《哈利·波特》故事里的霍格沃茨特快列车，连接着现实世界和数字虚拟世界。在数字虚拟世界，让我们像哈利·波特一样领略“魔法”魅力的，是像魔法杖一样包罗万象的互联网技术。

互联网的前身是阿帕网（ARPANET），1969年始创于美国，早期只连接几台大型计算机，主要用于科研和军事。如同“车同轨，书同文”一样，在1984年TCP/IP协议被确定为共同遵循的通信协议，无数的计算机和网络设备使用相同的规则相互连接、相互协作。20世纪90年代初期，互联网商业化后实现了飞速发展，逐步形成了规模化、全球化的互联网。互联网，也叫因特网，是由数量庞大的各种计算机网络相互连接而形成的巨大国际网络。

1987年，我国首次与德国创建了网络连接，并成功发出了第一封跨国英文电子邮件，中文含义为“跨越长城，走向世界”。从此，我国科研教育机构可以通过互联网进行跨国的学术交流与技术分享。1994年，我国实现了与互联网的全功能接入。

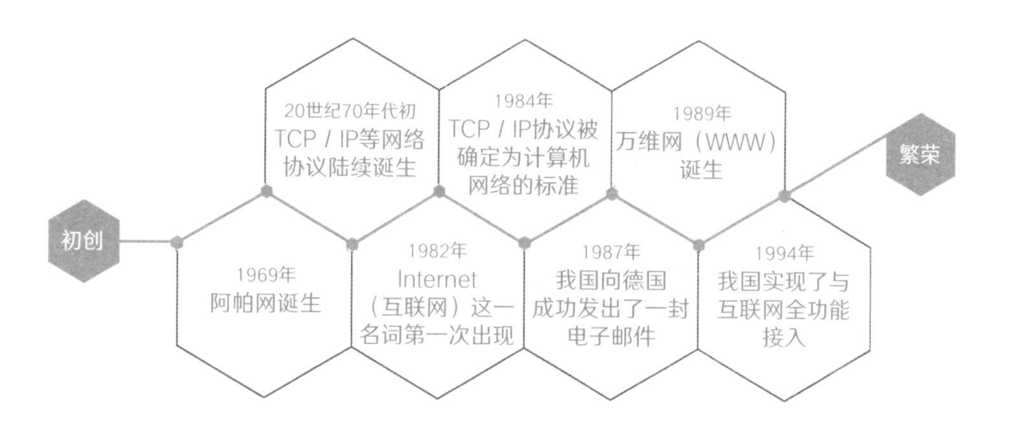

• 互联网是“隐身”的吗？

互联网是网与网的连接，这种连接并不都会隐身。虽然互联网往往被称为“无形之网”，但在很多情况下，电脑需要靠看得见、摸得着的光纤网线或者铜丝网线相互连接，以光信号和电信号为载体接入互联网。当以无线电波为载体的无线通信技术应用在互联网连接时，就可以“隐身”接入互联网。大家常用的无线局域网络技术和移动网络技术就是通过无线电波的信号进行通信，所以大家用手机和电脑上网时才不用拖着一根网线到处跑。

无线局域网络技术和移动网络技术是目前流行的两种无

线网络技术。其中以Wi-Fi为代表的无线局域网络一般在较小覆盖范围内使用，它组成的网络使用成本较低，用户量也较少。这种网络技术更适合家庭、办公楼或者酒店等小型场所使用。移动网络以蜂窝移动通信网络为代表，主要用于中国移动、中国电信和中国联通等公司搭建大型移动网络。这种网络建设成本较高，覆盖面积大，接入的用户量较多，可以用在操场、公园等户外场合。

• 互联网的出生地是美国，它是美国的吗？

这其实是互联网的归属问题。互联网是国际互联的网络，是世界的互联网。下面我们来划一下重点。

重点一：从网络标准看，美国虽然是互联网的诞生地，但中国、英国、德国等也为互联网发展作出了不可忽略的贡献，比如许多互联网标准协议是中国科研团队牵头制定的，互联网已经采用这些标准协议来组网运行。

重点二：从创新应用看，互联网是技术集大成者。比如在5G、大数据、物联网等新网络技术领域，我国都是重要的驱动力量。

重点三：从互联网规模看，据报道，我国互联网的经济规模和网民数量等已经位居全球第一，是世界互联网重要组成部分之一。

网络空间是人类共同的活动空间，每个国家都要为构建这个“网络空间命运共同体”而努力，我们每个人都是互联网建设的参与者和见证者。

● 互联网到底能“网”多少人？

互联网，无边无际，如同宇宙。据权威报告，2021年，全球约有49亿人使用互联网；截至2021年12月，我国约有10.32亿网民，互联网普及率已经达到73%。

互联网的无穷大，在于它有无限扩展的能力。互联网可以不断地接入新网络，无限地扩大，就像生活中，路和路之间不断连接，形成一张四通八达的公路网，可以把全国各地的人连接在一起。

互联网还有很多迷人之处。互联网采用网状结构，稳定性更高。和层次结构的电话电信网不同，互联网设备之间能够使用多条线路通信，如同“条条大路通罗马”，一条线路出了问题，可以自动切换到其他线路；而且，互联网建设者和使用者没有高低贵贱之分，没有老幼美丑之别，每个人都能在互联网世界找到自己的一片自在天地。

• 互联网怎么创造未来世界？

科技改变世界。继蒸汽技术革命（第一次工业革命）、电力技术革命（第二次工业革命）、计算机和生物等技术革命（第三次工业革命）之后，第四次技术革命正在悄然发生。在这次技术革命中，互联网是主要内容之一，和它紧密相关的5G、人工智能、大数据、云计算等是创造未来世界的重要技术元素。在不久的未来，你也许能够看到：无人驾驶汽车在大街小巷有序穿梭，智能机器人在各个领域为我们提供服务。世界万物将依靠互联网紧密联系起来，让我们生活的城市更智能。

互联网会像数字基因一样驱动社会的发展和进步，谁能掌握互联网发展方向，谁便能执世界发展之牛耳。

前三次工业革命

工业革命	时间	发生地	代表科技	跨时代产品
第一次工业革命	18 世纪末	英国	珍妮纺织机、蒸汽机等	轮船、火车等大型交通工具
第二次工业革命	19 世纪中期	美国、德国等	内燃机和电力等	创造了汽车、飞机等现代交通工具
第三次工业革命	20 世纪中期	美国等	原子能、计算机、航天等技术	核电站、个人电脑、人造卫星等

神奇的互联网，紧急时刻的“关键先生”

2021年7月20日晚，河南郑州，暴雨瓢泼。在地铁5号线的车厢里，乘客们站在齐胸的积水中，紧紧抓着地铁把手、扶杆。车厢外，幽暗晃动的光影下，水位更高。这不是电影画面，而是微博上的一条求救视频。

很快，更多求救视频不断地在第一时间从地下传到地上。“地铁多人被困车厢，积水齐胸……”“有一个孕妇晕倒了……”一瞬间，十万火急的消息在互联网上急速传播！无数网民和被困的乘客在同一时间感受着惊魂时刻。幸运的是，移动网络信号在国内地铁广泛覆盖，事发现场的情况才能通过手机在地下隧道中发送出来，救援人员也才能根据第一手信息精准施救。

互联网如同闪电般的传导速度，缩短了格外难熬的等待救援时间。终于，人们陆续在手机、电脑上刷到了新视频。在一位被困的河南交通广播电台主持人拍摄的画面中，水位已经下降。她在视频中说："现在是晚上 8 点 35 分，我们看到消防救援人员已经到现场了，一个一个在救援，我们终于等来了获救的这一刻！"网络终端无数热心的陌生人，也在第一时间松了一口气。

但是，险情还没有结束。其实，在地铁危机发生的当晚，河南正面临着一场史上最强暴雨。在随后的几天里，"河南暴雨"相关消息在互联网上铺天盖地，天南地北的人都知道有一个地方的同胞遭遇生活困境甚至生命威胁，求助信息被疯狂转发。

据相关媒体报道，微博平台建立了一个专项小组收集、传递救助信息，24 小时内及时筛选超过 2100 条求助信息报送给救援机构，帮助受困的人脱险。在一两天的时间里，这一平台通道的救助信息阅读量达到 100.4 亿，讨论量超 2000 万次。许许多多普通人通过电脑、手机等网络终端参与急速救援。微信朋友圈被几条石墨文档刷屏：“河南洪灾紧急求助信息登记”“郑州暴雨避难实用信息收集”“郑州物资、交通及住宿互助资源汇总”……到 21 日晚 9 点，一个在腾讯文档上进行救援信息收集的在线表格《待救援人员信息》自发更新了 270 多版，从最开始的一个需求表格变成一个 2 万多次在线编辑的“救命工具”，访问量多达 250 万次。很多人虽然并不知道它的第一个发布者是谁，但能看到不断更新的需求，以及不断显示的脱困信息……

面对一场突发的重大自然灾难，互联网把无数陌生人火速链接在一起，在互联网新工具的帮助下很多人跑赢了生死时速。

互联网，在关键时刻就变成一张能救命的“无敌之网”！

问题大挑战

• 互联网为什么有“超能力”？

互联网是新兴技术的主要代表之一，拥有很多“超能力”。如果简单而言，我们可以用“多、快、好、省”来说一说。

内容丰富
资源多

信息传播
及时又快速

万物互联
便捷好用

资源共享
节省成本

多。互联网不仅可以像大海一样汇聚无穷无尽的信息，还可以像广袤大地一样为无限创新的应用和服务提供技术营养，例如孵化出了微博、微信等各种互联网应用，以及大数据、人工智能等各种延伸服务。

快。互联网使用光、电和无线电波等信号进行传输，这些信号快如闪电，在信息传输速度上是绝对的赢家。

好。互联网通过“人机交互”方式实现了人与计算机的互动，并开始突破性实现人与物、物与物之间的互联，可以解决很多靠人手和人脑解决不了的小不便和大问题。

省。互联网天然具有开放、平等、协作、共享等特点，能最大化地利用有效资源，节约人、财、物的成本，比如共享单车、在线表格等。

互联网为什么能创造出取之不尽的工具？

互联网就像哆啦A梦的口袋，装满了各种有求必应的工具。例如，据报道，截至2021年12月，我国网站数量达到418万，国内市场监测到的APP数量达到252万款。上面故事里说到的石墨文档，让人们不用见面也能同时填写最新信息，为精准救人争取时间。

互联网天然具有连通交互、开放共享、实时便捷等特性，并在这个基础上创造了数字化的全新生产力，开创了一个没有时空限制的数字化新世界。在这个数字化新世界中，网民众多，科技土壤肥沃，数据等新型原材料极其丰富，为具有探索与创新精神的人类开辟了新的活动空间。随着网络技术的发展，更多、更重要的网络应用正在向我们飞奔而来。

• 为什么说5G是互联网的“新翅膀”？

带宽、时延和连接量是网络好坏的重要指标。带宽大表示单位时间（例如每秒钟）传输的数据大，时延低表示相同大小的数据在网络中传输的时间更短，连接量大表示同时使用网络的用户可以更多。随着新技术的成功研发和新设备的升级换代，速度的损耗也会越来越小。

比如，相比第四代移动网络（4G网络），我国研制的第五代移动网络（5G网络）在各项网络指标方面取得了质的提升，从而满足更多新型前沿应用的基础需求，为互联网应用和服务升级迭代奠定了坚实的基础。你也许难以想象，在第五代移动网络中，医生甚至可以应用网络技术为危重病人远程实施手术，第一时间抢救生命。5G网络在互联网上应用，就如同互联网换了新翅膀，它能载着更多、更好、更强大的互联网应用飞向现实，让我们的生活更加丰富多彩。

• 网络信号可以上天入地吗？

地铁里能使用手机，是因为中国移动、中国联通等网络运营商在地下隧道里安装了一种叫“基站”的设备，这些基站像幕后英雄一样，悄悄与附近的手机等电子设备组成一个隐身的移动网络，这时手机才会有信号。基站的信号有覆盖范围，例如单个5G基站能够覆盖半径几百米的范围，超出这个范围就需要再安装部署新的基站，不然手机将无网络信号可用。太空上嘛，就要用其他无线技术，例如卫星通信技术能够长距离发送和接收数据。技术的发展日新月异，在可预见的未来，卫星通信有可能整合到第六代移动网络中，信号将实现覆盖全球，甚至延展到太空。

探索发现

网络安全思维

麦特卡夫定律，原来互联网如此“金贵”

读完第一章中“无处不在的互联网，未来比想象更酷”和“神奇的互联网，紧急时刻的‘关键先生’”两节内容，你知道互联网是一个伟大的发明了吧！但你知道互联网值多少钱吗？是价值连城呢，还是价廉如土？

有人会说，互联网很值钱，因为我们的生活离不开它；还有人会说，互联网很便宜，因为互联网中各种网站、APP 都是免费的。怎么计算互联网的价值呢？以太网的发明者鲍勃·麦特卡夫博士给我们提供了参考答案。麦特卡夫博士提出，网络价值同网络用户数量的平方成正比。也就是说，用户越多，其价值越大，而且是成平方的关系。这就是著名的麦特卡夫定律，该定律已经成为互联网领域的重要规律之一。

现在，我国拥有约 10 亿网民，是全球最大的网络用户群体。我国互联网已经成为举世瞩目的巨大宝藏，我国的腾讯、阿里巴巴等大型互联网公司拥有庞大的网络用户群体，其市值已经超过万亿元人民币。

你能用麦特卡夫定律计算一下我国互联网值多少钱吗？既然知道互联网如此值钱，你就了解它的安全有多么重要了吧！

网络安全实验室

新型“珠算”

你会珠算吗？珠算可是中华民族传统文化的瑰宝，曾经领先世界近千年，华裔物理学家、诺贝尔奖获得者李政道赞美中国珠算为“世界最古老的计算机”。珠算最早记载于汉朝的《数术记遗》："珠算，控带四时，经纬三才。"作为一种计算工具，经过千百年的完善与优化，珠算不仅具有使用方便、易学易懂等特点，还具有练手练眼、提高心算水平等优点。历史上，它曾传入世界多个国家和地区。可以说，珠算对数学、经济的发展作出了重要贡献。2013 年，珠算入选联合国教科文组织《人类非物质文化遗产代表作名录》。

我国古代的计量单位，存在多种进制。例如，《三字经》中"一而十，十而百"，是十进制的数学思维；重量换算中一斤等于十六两，我们现代常用的成语"半斤八两"就是这样来的，是十六进制的数学思维。今天，我们常用的是 0 ~ 9 这 10 个基本数字和"逢十进一"的十进制。

既然十进制很好用，为什么数学家还要发明和研究其他进制方法？例如二进制、八进制、十六进制等。其实，二进制等数学表达方法很有意义。例如，支撑网络世界的电子设备，无论具有计算功能还是存储功能或者网络传输功能，都是通过各种各样的电子元件科学组合而形成。这些电子元件的基本组成元素仅有类似导通和断开两种状态，就如同小灯泡一样，只有亮和不亮两种状态，在数学上可以抽象成由 1 和 0 组成的二进制数字，使用"逢二进一"等基本规则来进行各种操作。千万不要小看简单的 0 和 1，它们居然能够支撑起互联网这个庞大的数字世界，是不是很神奇？

下面我们一起制作一个十进制和二进制混合的新型算盘，试验一下它们是怎么工作的吧。

首先，请你动动手，可以尝试制作新型算盘。

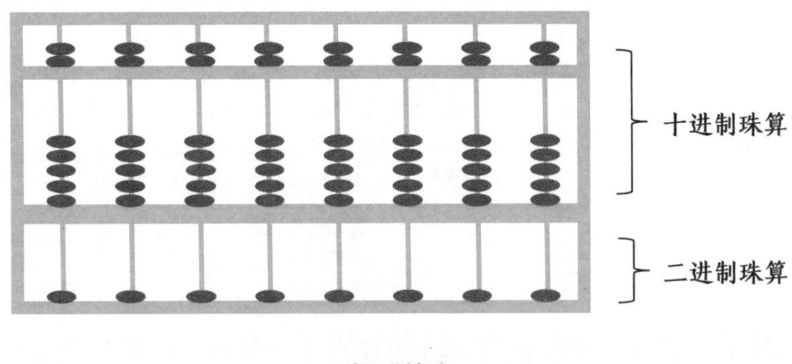

新型算盘

然后，请分别学习十进制加法口诀和二进制加法口诀，口诀如下。

珠算口诀

十进制加法口诀			
数量	不进位加操作	满五加操作	进位加操作
加一	一上一	一下五去四	一去九进一
加二	二上二	二下五去三	二去八进一
加三	三上三	三下五去二	三去七进一

加四	四上四	四下五去一	四去六进一
加五	五上五	五去五进一	
加六	六上六	六去四进一	六上一去五进一
加七	七上七	七去三进一	七上二去五进一
加八	八上八	八去二进一	八上三去五进一
加九	九上九	九去一进一	九上四去五进一

二进制加法口诀		
数量	不进位加操作	进位加操作
加一	一上一	一去一进一

最后，可以尝试用口诀分别来计算以下几道数学题：

十进制：203+234=　523+408=　345+256=

二进制：101+10 =　101+11 =　101+111=

通过使用新型算盘，你能理解二进制的优点吗？对，二进制具有规则简单、计算迅速等特点，特别适合电子设备。如果你感兴趣，可以想一想，如何利用新型算盘完成减法运算？

互联网生存法则

“君子善假于物”

互联网有这么多炫酷的技能，用好互联网，一定会让你在学习和生活乃至未来工作中事半功倍！为了帮助你更好地使用互联网，下面分享的是一个“健康用网口诀”。

健康用网口诀

互联网，新天地，科学上网学知识；

看新闻，长见识，判断真伪切莫失。

交朋友，发消息，网友见面不现实；

玩网游，要定时，内容健康不近视。

互联网趣人趣事

互联网居然有多个“爸爸”

在人类历史上，每一项伟大的发明都有发明者。比如，大家公认的经典物理学之父是牛顿（艾萨克·牛顿），电话之父是贝尔

（亚历山大·格拉汉姆·贝尔），现代计算机之父是冯·诺依曼（约翰·冯·诺依曼）。那么，互联网呢？互联网是多种技术的集大成者，公认的互联网之父有多位伟大的人物，例如，温顿·瑟夫、罗伯特·卡恩和伯纳斯·李。这三位科学家所发明创造的技术对互联网的产生、发展和繁荣起到了关键作用。其中，温顿·瑟夫和罗伯特·卡恩是互联网基础技术 TCP/IP 协议的合作发明者，该技术统一了互联网基本通信协议，为互联网快速发展奠定了基础。伯纳斯·李是万维网（World Wide Web，简写WWW）的发明者，万维网的发明促进了网页的出现和普及，大家可以通过网页观看实时新闻、查阅更加丰富的资料、分享五彩缤纷的生活。

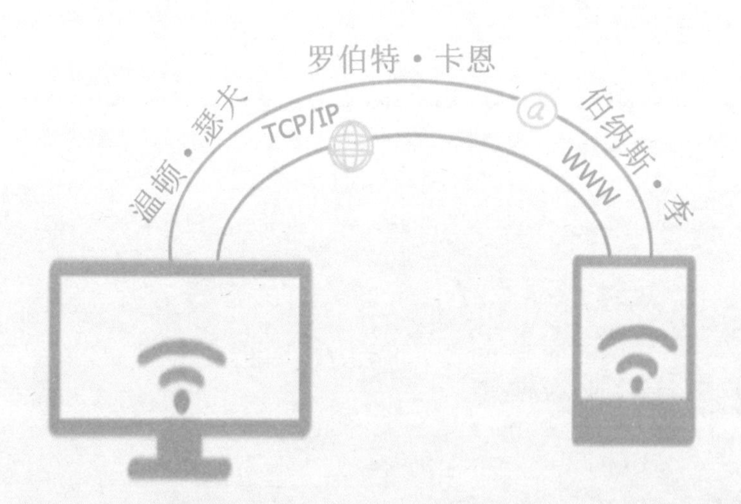

第二章

网络安全：互联世界的“护身符”

“黑帽子”与“白帽子”

用一台联网的电脑能干什么呢？网络购物？浏览网页？打网络游戏？

有一个人的做法可能会令你咋舌。他，半世黑客半世白，暗黑技术顽童派。他就是曾经的世界头号黑客，现在的网络安全专家——凯文·米特尼克。

凯文·米特尼克，1964年生于美国。他在自传《线上幽灵：世界头号黑客米特尼克自传》中写道：17岁时，他和伙伴便能够绕过层层监管漏洞，入侵当时世界顶级通信公司的信息系统，获取大量用户信息；他成功潜入多家世界著名高科技企业，非法拷贝其软件源代码，学习并寻找系统漏洞，被指控造成了超过3亿美元的重大损失；他还会偷偷潜入美国多个著名研究机构的信息系统并制造麻烦；他与美国联邦调查局（FBI）周旋多年，多次化险为夷……

多年间，米特尼克像“线上幽灵”一般到处横行无忌。虽然米特尼克自己说，他并没有从任何入侵行为中获利，但是FBI认为他的行为造成了重大损失。警察当局甚至认为，米特尼克只要拥有键盘就会对社会构成威胁。他的传奇经历甚至被用作影视故事的蓝本。然而，令人意外的是，米特尼克后来却上演了另一出戏剧人生。

2000年，经历过多次牢狱之苦的米特尼克再次出狱。这一次，36岁的他向政府保证自己将走上正途。他说到做到，开办网络安全公司，转型成为顶级网络安全咨询师，还有了FBI网络安全顾问的新头衔，并撰写《反欺骗的艺术》《反入侵的艺术》《线上幽灵：世界头号黑客米特尼克自传》，在全世界巡回演讲，摇身一变，成了网络安全守卫者。2011年，他的著作登上《纽约时报》畅销书排行榜，记者调侃他是不是“黑”进了《纽约时报》的系统，从而让书登榜。他回答：“如果是那样，我一定得到了《纽约时报》授权。”“我现在做的事情，和送我入狱的事情几乎一样。只是，我得到了对方的授权。要用你的力量去做好事，而不是去作恶。”米特尼克说。

2017年，米特尼克来中国参加第三届中国互联网安全领袖峰会，呼吁全世界、各行业、每个人都重视网络安全。他说：“我想用自己的亲身经历告诉大家，每个人都可能遭遇网络安全事件。”

门题大挑战

●黑客还分为“白帽子”和“黑帽子”?

在武侠小说中，有奇侠，有大盗，也就有了风云变幻的江湖。网络世界虽然没有刀光剑影，但是同样高手云集，他们隐身在计算机系统或网络中过招较量。

网络“江湖”里主要有哪些不同“门派”呢?

黑客，英文为hacker。“计算机黑客”一词最早出现在20世纪中叶，早期主要指钻研使用计算机新方法、编写创造性程序的电脑高手，他们不仅渴望知道“是什么”“为什么”，还执着于“能不能做到”。因此，后来被提炼出来的“黑客精神”，通常指善于独立思考、喜欢自由探索的思维方式，也用来形容热衷于解决问题、打破限制的人。但是，“黑客”一词后来带上了贬义色彩，几乎变成了网络破坏者的代名词。

结合这些背景和变化，一些专业人士用两个词将黑客进行了分类：识别计算机系统或网络系统中的安全漏洞，是保护网络的英雄豪杰，被称为“白帽子”黑客；追求个人或组织的经济利益或者名声，对网络信息系统进行入侵和破坏的人，被称为“黑帽子”黑客，或者“骇客”(cracker)。

• 黑客没有从入侵行为中获利也要接受法律惩罚吗？

没有得到授权，私自闯入他人的网络空间，本身就是一种违法行为，就如同现实世界中未得到主人的同意，不能私自闯入他人住宅一样。虽然米特尼克声称他不是为了获利，主要用于学习和炫耀，但其危险行为入侵了美国的网络系统，干扰了他人或者其他组织的正常生产生活，直接或者间接造成了经济损失，为社会带来了极大的安全隐患，因此他受到了美国法律的惩罚。

在我国，《中华人民共和国网络安全法》规定，任何个人和组织不得从事非法侵入他人网络、干扰他人网络正常功能、窃取网络数据等危害网络安全的活动；不得提供专门用于从事侵入网络、干扰网络正常功能及防护措施、窃取网络数据等危害网络安全活动的程序、工具；明知他人从事危害网络安全活动的，不得为其提供技术支持、广告推广、支付结算等帮助。如果像米特尼克一样入侵中国的网络，这种行为将违反中国的法律，必将会受到中国法律的严惩。

• 网络安全要保什么、防什么？

互联网如此重要，其安全与否影响重大。网络安全涉及方方面面，从不同角度看，其保护的重点也有所不同。

从网民角度看，网络安全首先要保护每个网民在互联网环境下的身心健康甚至生命财产安全，因为上网聊天、玩网游、收发邮件、网购支付等行为中的安全隐患会对我们造成伤害。

从技术角度看，网络安全一般指保护网络系统的硬件、软件和其中的数据，防止恶意的或者无意的破坏、内容更改或泄露，保障系统连续可靠运行，网络服务不中断的措施。

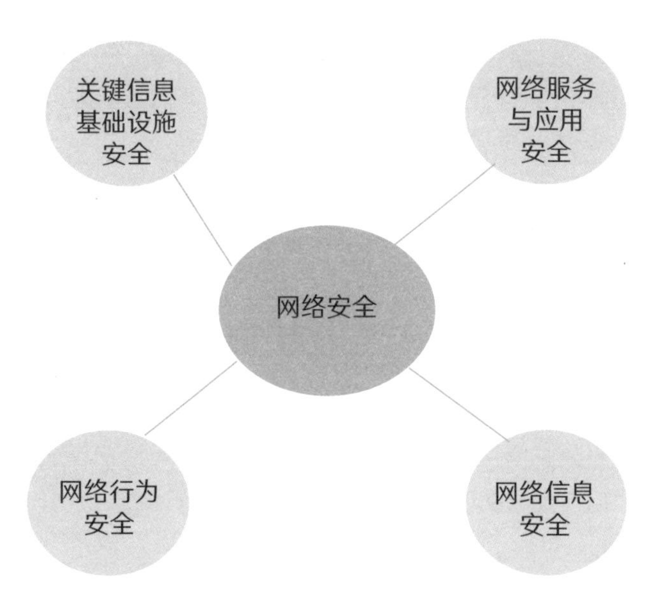

从网络环境角度看，网络安全要避免隐私泄露、网瘾、不良信息和网络暴力等对网民造成的身心伤害，甚至可以延伸到意识形态和国家安全层面。

从互联网结构角度看，网络安全可以细分为关键信息基础设施安全、网络服务与应用安全、网络信息安全和网络行为安全等。

厉害了！没有网络安全就没有国家安全？！

你喜欢拍照吗？拍照后会不会发朋友圈？会不会发到群里分享一下？会不会在论坛或者聊天室秀一把？为什么问这些问题呢？因为，有的照片很可能会让人在不知不觉间成了间谍！不信你往下看——

黑暗的房间里，亮着一盏台灯。台灯下，一个男人正在闪烁的电脑屏幕前读取一封邮件。邮件内容为："公司准备在你们当地军事单位附近投资，请你去考察一下周边环境、拍些照片，如果画出地理位置、配上文字说明，薪酬会更多哦。"于是，这个男人开车来到军事单位附近停下来，举起相机对着周边环境和建筑物大拍特拍。然而，正在他拍到兴头上的时候，一阵警笛声传来，两名警察飞奔上前抓住了男人。这时，画外音响起：你已涉嫌为境外刺探国家秘密！男人被警察带走了！

这其实是国家安全微电影《网络上的谍影》中的情节。事实上，境外间谍机关常常会通过短信平台、网络聊天工具群发信息，一旦有人回复，就会安排一些简单的工作，并且轻易给出丰厚的报酬诱人上钩，进而要求对方搜集危害我国国家安全的情报、信息。你是不是会说，那我还小呀，再说我也不想赚钱呀，不会被坏人盯上吧？而且我也做不了什么呀？

前面我们说过，全球一网，图片等上传到互联网上的一切数据，都有被发现、被传播的可能。如果你恰好在军事管理区拍了照片，或者恰好有机会看到了新型的武器装备后感觉很新潮就合影留念，随后也只是发到朋友圈或者在小伙伴的群中秀了一下，貌似并没做什么出格的事。其实到这一步，这张照片的去向在互联互通的世界就已经失控了，因为你压根儿不知道接下来谁会把它转给谁。关键是，你觉得照片只是拍了个外型甚至还很模糊，但是专业人士可以根据涂料颜色、外观长度、所在环境和照片的全球定位系统（GPS）数据等信息，推断出采用的技术、代别甚至大致的参数和作战性能。类似这样的信息如果落到国外间谍机构手中，就能变成“无价之宝”，有可能关系着国家安全！

当互联网、智能手机成为生活必需品，现实生活中也随之出现了很多看不见的“陷阱”。如果误入陷阱，不仅会造成个人隐私泄露，给生活带来麻烦，有时还会对国家安全造成重大隐患。要避免糟糕的后果，就得在脑子里绷紧这根弦，知道哪些“雷区”不能进！有了网络安全这根弦，每一个网民不就相当于有保卫祖国的能力了吗？

曾有个学生在学校上网时发现有人利用互联网散布不利于国家的

言论，及时拨打 12339 国家安全机关举报受理电话，使得相关部门顺线侦查，成功制止了危害安全事件，惩处了相关人员，这个学生最后也因此受到表彰。

问题大挑战

• 互联网会让人糊里糊涂犯大错?

对！从上面的故事就能看出，互联网在带来极大便利的同时，也有很强的迷惑性和隐蔽性。网上有一句流行语：你永远不知道，网络对面是一个人还是一条狗。

如果没有网络安全意识，很多不经意的小疏忽就可能给个人、家庭、机构、组织甚至国家带来大麻烦、大问题。比如，如果轻易连接陌生Wi-Fi或者只是点击了一个所谓中奖信息的链接，手机号、身份证号、姓名、银行卡账号等个人信息就很可能在自己完全不知情的情况下被盗取、截获，由此带来生命、财产方面的种种风险。

由此类推，如果国家秘密信息在互联网上被泄露，危害程度和范围可就不是一个人或者一个家庭了，破坏力可能堪比一场战争。其实，信息泄露在互联网风险中还只是冰山一角。关于这些，我们在后面会一一揭秘。

但在揭秘之前，重要的事情先说三遍：网络安全，轻视犯大错！网络安全，轻视犯大错！网络安全，轻视犯大错！

● 网络世界里也有国家身影？

是的，继“海”“陆”“空”“天”之后，“网”也成为国家博弈的重要战略阵地。以前，大国逐鹿于“水陆空天”。现在，网络空间成了一个新的争夺空间。窃取敏感数据，破坏关键信息基础设施等网络攻击会带来难以想象的后果。

但是，在全球一网下，互联网是人类的共享空间。目前，我国与许多国家一起推进网络空间全球治理，努力推动构建网络空间命运共同体。2020年，世界互联网大会组委会发布《携手构建网络空间命运共同体行动倡议》，将网络空间建设成为造福全人类的发展共同体、安全共同体、责任共同体、利益共同体。

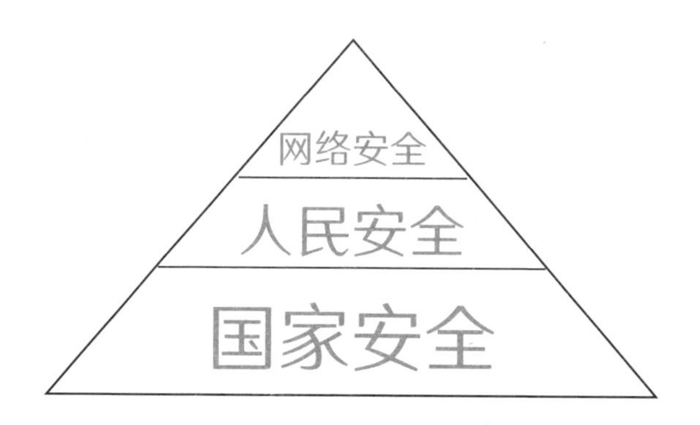

• 我国的网络安全环境怎么样?

我国是网络大国，目前正在向网络强国发展，但我国也是网络攻击的主要受害国。经过几年的发展，我国在顶层设计、法律法规、行业监管、基础设施、技术发展等方面不断进步。仅在法律方面，我国近几年就相继出台了网络安全法、数据安全法和个人信息保护法等。维护网络安全是全社会的共同责任，需要政府、企业、社会组织、广大网民共同参与，共筑网络安全防线。各级政府机关要完善政策，推动网络空间法治化；互联网安全企业要承担社会责任，保护用户隐私，保障数据安全，维护网民权益；专家学者及网络安全从业人员要发挥积极作用，形成全社会共同维护网络安全的强大合力；每一个网民都需要提升网络安全意识，从个体做好防范。

其实，现在很多国家都不惜花大价钱来发展自己国家的网络安全。据报道，美国2021财年IT总预算为922亿美元，其中网络安全领域总预算为188亿美元，比2020财年高出14亿美元，网络安全预算占IT预算的比例为20.4%。西班牙政府计划在3年内投资超过4.5亿欧元，促进国家网络安全技术、产业和人才发展。

探索发现

网络安全思维

木桶原理，请把安全短板补齐

“千丈之堤，以蝼蚁之穴溃；百尺之室，以突隙之烟焚”，其含义为千里水堤，可以由于蝼蚁小小洞穴而溃决；百尺高楼，可以由于烟囱缝隙冒出的点点火星而焚毁。

小朋友，读了前面“‘黑帽子’与‘白帽子’”的故事，是否觉得提升网络安全水平是一项很复杂、很庞大的工作？事实确实如此。同时，复杂而庞大的网络安全工作又都是从细枝末节逐步深入的。现实中，网络安全事故也总是发生在那些意想不到和容易忽视的环节，虽然网络安全工程师一直废寝忘食、夜以继日地寻找这些薄弱环节，但有的薄弱环节非常隐秘，如同大海捞针一样难以发现。网络安全水平遵循着一条基本原理——木桶原理，这是劳伦斯·彼得博士提出的。其核心思想是一个木桶能够盛多少水，并不取决于桶壁上最长的那块木板，而是取决于桶壁上最短的那块。

在网络世界中，网络安全程度高低，往往取决于最容易忽视、最薄弱的环节，而不是大家最关注、最牢固的环节。对于未成年网民来说，能够对你造成伤害的网络事故，往往是容易忽略的某些上网习惯。

你能利用木桶原理发现自己有哪些不良上网习惯吗？通过学习木桶原理，你能得到什么启发呢？在日常学习生活等方面，我们应该怎么改善自己的短板来尽可能全面发展呢？

网络安全实验室

请保护好你的“小秘密”

在现实生活中，每个人都有自己的“小秘密”，每位小朋友都希望拥有一个仅仅属于自己的“清静”空间，不被别人打扰，不被他人知晓。在网络世界中，小朋友是不是也一样？为了在网络世界中免受“小秘密”泄露的困扰，我们一起去了解一些保护私密信息的小技巧吧！

实验一：防止“偷窥侠”偷看你电脑屏幕

电脑是我们上网时常用的终端设备，里面有很多私密信息和重要文件，是我们重点防护的电子设备之一。如果你在编辑私密信息时，被旁边的陌生人偷窥，隐私就可能泄露了；如果你中途离开，没有关闭电脑，他人就可以直接查看、拷贝、修改你的私密信息，甚至可以直接公开你的隐私。

下面我们一起来做一个防偷窥实验吧。

实验工具：家用电脑，Windows 10家庭中文版操作系统，并设置登录口令。

实验目的：快速锁住电脑屏幕，防止别人偷窥。

实验过程：练习使用电脑键盘快捷键，让身边的“偷窥侠”

无机可乘。

输入用户名和口令，登录电脑，可以上网或者编辑文件。

当你发现身边有人偷看你屏幕时，用你的小手根本无法挡住屏幕上的全部内容。最快的方法是，先用左手按下“Win”按键，不要松开，然后右手快速按下“L”按键，此时电脑就会锁定屏幕。

当你发现“险情”已化解，可以输入用户名和口令，继续使用电脑。

这种组合使用按键的方式就叫作“快捷键”或者“热键”。

小朋友，如果你的电脑品牌是苹果，别着急，它也有自己的一套“快捷键”。你可以先用左手按下键盘中的“control”和“command”按键，然后用右手快速按下键盘中的“q”按键，也能快速锁定屏幕。

其实，电脑有很多快捷的按键组合，你能找到更多功能的快捷键吗？找到后可以与朋友们一起分享。

实验二：防止上网痕迹被悄悄记录

你知道吗？上网痕迹也是重要的个人私密内容，如果收集到你的上网习惯，互联网商家就可以针对你的爱好推送相应广告，甚至可能会被黑客利用，对你造成伤害。让我们实验一下，怎样“回顾”你近期的上网记录吧。

实验工具：家用电脑，Microsoft Edge 浏览器。

实验目的：清除网页浏览记录，防止别人盗用数据。

实验过程：查看网页历史浏览记录，清除敏感数据。

首先，查找网页历史浏览记录。登录电脑，打开 Microsoft Edge 浏览器，使用鼠标左键点击浏览器右上角“设置及其他”按钮，在下拉菜单中找到“历史记录”并选中，这样就会显示你近期的网页浏览记录。

然后，清除网页历史浏览记录。在浏览器“历史记录”中找到想清理的浏览记录，用鼠标右键点击该记录，选择“删除”。如果想删除全部历史记录，点击“历史记录”右上角的“更多选项”，选择“清除浏览数据”，即可清除全部历史记录。

小朋友，如果你使用了浏览器的“记住密码”功能，邮箱等网站的登录口令就会被记录下来。陌生人登录到这台电脑，根据“上网痕迹”便能轻松登录到你的账户，获取你的私密信息。

因此，使用公共电脑或者他人电脑时，要养成清除浏览器缓存数据的习惯，更不要轻易使用浏览器“记住密码”功能。不同浏览器显示“历史记录”的方式略有不同，请小朋友尝试查找自己常用浏览器的“历史记录”，并自学如何清除这些历史记录。通过这个实验，相信小朋友已经意识到，没有良好的上网习惯，就没有自己的网络安全。

互联网生存法则

网络安全小宣言

面对网络安全，作为未成年的你，羽翼未丰，心智未成熟，如何才能做得更好？

《孟子·尽心上》中说：“穷则独善其身，达则兼济天下。”首先，你需要掌握网络安全基础知识与基本技巧，把自己保护起来，远离网络伤害。然后，你可以帮助身边的朋友，帮他们排除网络安全风险。最后，你可以影响同学，向他们讲解和宣传网络安全知识，成为“小小网络安全宣传员”！下面是我为小朋友们总结的“网络安全小宣言”，不妨把它牢记心上，提醒自己时刻做到。

网络安全小宣言

网络安全大事件，基础设施是关键。

服务运行不能闲，网络病毒要阻断。

信息安全保平安，口令定期要改变。

互联网上莫妄言，遵纪守法好少年。

互联网趣人趣事

发明网络摄像头居然是为了喝咖啡

现实中，许多伟大的发明在设计之初可能是为了解决一个不起眼的小问题，网络摄像头就是其中之一。网络摄像头是传统摄像技术与网络技术相结合的产物，通过网络能够查看摄像头拍摄的影像和操控摄像头。网络摄像头在很多公共场所被广泛使用，能够跟踪和记录线索，例如，在交通信号灯附近安装的网络摄像头可以记录违章车辆等。

难以想象的是，网络摄像头的发明居然是为了方便科学家喝咖啡。1991 年，在剑桥大学计算机研究中心，只有主计算机机房有制作咖啡的咖啡壶，其他房间的老师和工程师需要到主计算机机房倒咖啡，但他们常常到那里后才发现咖啡已经没有了。几个计算机科学家为了方便喝咖啡，避免白跑一趟，就用相机对准咖啡壶，每分钟自动拍摄 3 张照片。这几个计算机科学家编写了一个程序，将这些照片传送到网络上，这样大家就可以实时掌握咖啡机的情况了。

小朋友们，网络摄像头能够帮助公安人员破案，但是如果被坏人利用，也可能泄露你的隐私哦!

第三章

关键信息基础设施安全：基石一样的存在

网络安全的“砖”与“瓦”

在学校的科学实验课中，你学过光的折射现象吗？棱镜可以使一道白光折射出七道不同颜色的光线，就好像把一道光线复制成七道光线。在互联网世界，如果用来传输信息的光信号用上棱镜等光学器材，那么信息在传输过程中是不是也会被复制并且悄无声息地被他人拿走呢？答案是肯定的。

我们为什么要说到棱镜呢？那是因为“棱镜门”曾经在世界范围内掀起了一场轩然大波，引爆了全球网络安全危机，成为网络安全发展史上一个产生重大影响的事件。

事情要从美国犹他州南部一个叫盐湖城的地方说起。这里是美国国家安全局的所在地。据媒体报道，在美国国家安全局这个占地约 10 万平方米的建筑群里，安放着“棱镜”项目的主服务器。曾经有一位在美国国家安全局工作的数学分析师说，那些服务器的容量大得足以储存未来 100 年整个人类的电子信息。每年仅冷却服务器消耗的能源就要耗资4000万美元，整个“棱镜”项目耗资20亿美元。到底是什么项目值得投入这样的本钱呢？

这就要说到爱德华·斯诺登，一个向全世界揭秘“棱镜”的人。2013年6月，曾为美国中央情报局、美国国家安全局承包商工作的斯诺登，将两份绝密资料交给英国《卫报》和美国《华盛顿邮报》，通过这两家媒体暴露了美国一个代号为“棱镜”的秘密工程。

在斯诺登的爆料里，美国互联网关键信息基础设施生产商以及谷歌（Google）、脸书（Facebook）等九大美国计算机和互联网服务巨头公司都参与了“棱镜”计划。这些公司向美国国家安全局开放服务器，使政府可以轻而易举地监控各种互联网信息。资料显示，互联网数据不论从欧洲流向亚洲还是太平洋地区，都能被美国的服务器监控。这些数据资料包括私人电子邮件、网络视频和语音通话记录、照片、档案传输、登入通知、社交网络细节、银行转账记录、GPS坐标

信息等电子数据。

爆料一出，全世界为之震惊。参与“棱镜”计划的九大公司涉及聊天工具、邮箱、社交网络、储存分享服务等产品门类，这些公司都掌握着海量用户及个人私密信息，特别是它们都是国际化的互联网巨头，用户遍及全球。也就是说，“棱镜”计划威胁到了全球互联网隐私和互联网自由。

更为关键的是，部分参与“棱镜”计划的公司也参与了其他国家的互联网基础建设，从计算机芯片、操作系统，到基础服务、互联网应用等。这意味着，如果一个国家在信息基础设施和关键业务网络的建设方面，无法设计和制造自主可控的产品，就存在受制于人的隐患，甚至使国家安全面临严重威胁。也正因为如此，“棱镜”计划引发了各国对于关键信息基础设施安全的重大关注。

然而，真实情况比我们现在说到的“棱镜门”的发生始末要刺激得多。本质上，它让互联网中“最基础一环”的问题暴露出来：网络世界其实也有“砖”有“瓦”，这些最基础的东西如果失控，那么“世界网络大厦”将可能面临坍塌。仅仅试想一下，如果你用的电脑很容易被他人或者外国势力任意控制，时不时“黑屏”，储存的信息突然乱码或者消失，你会不会随时都有崩溃的感觉？

问题大挑战

● “棱镜门”敲响了什么样的警钟？

你知道孙武吗？孙武是我国春秋时期著名的军事家，被后世尊称为“兵圣”。孙武在《孙子兵法》中指出：“善守者藏于九地之下。”大到国家，小到个人，都有自己的秘密，这些秘密都有严格的知悉范围，不容他国和他人侵犯。“棱镜门”的爆发，就像警钟鸣响，它让全球网民甚至各个国家切切实实感受到了在互联网世界“裸奔”的不安和各种潜在的危险，网络安全由此在全世界范围内被提升到一个前所未有的重视高度。

在这个基础上，各国开始审视本国的网络安全问题。为什么各国都开始行动起来了呢？就像银行电脑系统被控制一样，一些网络安全风险其实已经不是网民靠自身能力能够防范的了。这就涉及我们现在要讲到的一个新内容——关键信息基础设施。

• 什么是关键信息基础设施？

在我国，2017年6月1日起正式实施的《中华人民共和国网络安全法》首次提出了关键信息基础设施的概念。我们可以先从关键信息基础设施包含的三大类别做一个直观了解：一是网站类，如党政机关网站、企事业单位网站、新闻网站等；二是平台类，如即时通信、网上购物、网上支付、搜索引擎、电子邮件、论坛、地图、音视频等网络服务平台；三是生产业务类，如办公和业务系统、工业控制系统、大型数据中心、云计算平台、电视转播系统等。

2021年9月1日，我国正式实施《关键信息基础设施安全保护条例》。该条例规定，关键信息基础设施是指公共通信和信息服务、能源、交通、水利、金融、公共服务、电子政务、国防科技工业等重要行业和领域的，以及其他一旦遭到破坏、丧失功能或者数据泄露，可能严重危害国家安全、国计民生、公共利益的重要网络设施、信息系统等。

• 为什么说关键信息基础设施和每个人都相关？

关键信息基础设施是网络安全的重中之重，和我们每个人息息相关。关键信息基础设施一般具备几个基本要素：对行业和领域关键核心业务有重要影响，一旦遭受破坏，会对整个社会造成重大影响和损失，对周边行业和领域具有关联性影响。例如，银行信息系统对现代金融行业意义重大，一旦数据泄露，存款就有可能被别人恶意盗取；一旦遭受破坏，商业公司将无法正常转账，零售店铺也无法使用网上支付功能，对工业、服务业等周边行业都会带来难以估量的恶劣影响。这样的事一旦发生，你还能顺利买到心仪的东西吗？

特别要说的是，对个人生活重要的设施并不都是关键信息基础设施。例如家里的个人手机和电脑，虽然对家庭很重要，但影响范围仅仅局限在家庭内部，对网络整体影响较小，因此就不能称为关键信息基础设施。

关键信息基础设施主要考虑因素

主要因素一

网络设施、信息系统等对本行业、本领域关键核心业务起到基础支撑作用。

主要因素二

网络设施、信息系统一旦遭到破坏，丧失功能或者数据泄露，可能严重危害国家安全、国计民生和公共利益。

主要因素三

对其他行业和领域具有重要关联性影响。

真功夫：解锁“卡脖子”的核心技术

2021 年 6 月 2 日晚 8 点，鸿蒙系统终于揭开神秘的面纱。从这一刻起，它从技术实验室走向大众生活，甚至未来有可能会伴随你我左右，就像影子一样。为了这一刻，它的创造者经历了 9 年的技术攻坚。

你是不是想问，是谁愿意用这么长的时间大费周折地创造它？为什么要创造它？它到底是什么？

鸿蒙系统的创造者是一家举世瞩目的中国公司——华为。说起鸿蒙系统的研发，我们先要把时间拨回到 2012 年。在那一年，华为正式设立项目，以“黄沙百战穿金甲，不破楼兰终不还”般的决心开启了漫长的操作系统自主研发之路。当时，谷歌、苹果、微软几乎瓜分了手机操作系统市场，留给华为的机会少之又少。而且，研发操作系统需要源源不断的资金投入和技术投入，难度极大。所以，这个操作系统的研发在一开始根本不被看好。甚至网上流传着这样一个比喻：

华为作为一家开饭馆的，非得自己去种地。最可笑的是，自己所生产的粮食，很可能短时间内自己没法使用。

面对质疑，华为创始人任正非说了这样一段话：“如果说这三个操作系统（安卓系统、iOS 系统、Windows Phone）都给华为一个平等权利，那我们的操作系统是不需要的。为什么不可以用别人的优势呢？我们现在做终端操作系统是出于战略的考虑，如果他们突然断了我们的粮食，安卓系统不给我用了，Windows Phone8 系统也不给我用了，我们是不是就傻了？”

在一阵热议之后，华为自主研发操作系统的事情便似乎沉没在互联网的信息海洋中。然而，2019 年 5 月，安卓系统的推动者谷歌公司宣布对华为“断供”：停止向华为提供接入、技术支持和涉及其专有应用程序和服务的合作。这意味着什么呢？华为虽然可以继续通过开源授权协议使用安卓系统，但海外用户经常使用的谷歌应用商店的网络服务将被停止。一旦如此，手机在海外用户手里就变成了一块无聊的“板砖”。换句话说，如果谷歌停止服务，华为将损失大量海外用户。怎么办呢？

这时，已蛰伏多年的华为自主研发操作系统再次浮出水面。原来，华为公司从未停止过技术探索。2019 年 8 月 9 日，华为正式发布这款操作系统，并给它取了个中国韵味十足的名字——鸿蒙系统。在中国神话传说中，“鸿蒙”可是开天辟地之前世界万物的初始元气。华为志向远大，还给鸿蒙系统起了一个国际范儿的名字——HarmonyOS，意为“和谐的操作系统”。紧接着，华为用两年的时间迅速试水，终于在2021年6月2日正式发布HarmonyOS 2以及安装和使用它的新款手机，由此也彻底摆脱了对谷歌的依赖。经过艰苦的努力，华为突破了在关键领域“卡脖子”的核心技术，在操作系统上迈出了自主可控的一步。

不光如此，华为还有一个很酷的想法，它想把数字世界带给每个人、每个家庭、每个组织，构建一个万物互联的智能世界。所以，鸿蒙系统在研发之初的定位，不是仅仅针对手机或者某一两个设备，而是创造一个超级的、终端互联的世界，将人、设备、场景关联在一起，形成互联互通，资源共享。你有没有想过，除了电脑、手机和平板设备，从汽车、厨房，到电视、微波炉，再到门锁等都能联通？如果答案是“Yes”，那联通这一切的工具是什么？

没错，它就是鸿蒙系统——一个新一代的智能终端操作系统，一套系统连接诸多硬件设备。这一点超越了以Windows为代表的视窗化操作系统和以安卓及iOS为代表的人机交互操作系统。

而且，鸿蒙系统出身于一家以网络安全和用户隐私保护为最高纲领的企业——华为公司，在安全防护方面自然不遗余力。现在，HarmonyOS 2有7种武器，用来保护个人信息和隐私安全，包括纯净模式、限制广告追踪、聊天隐私保护、图片分享隐私保护、SOS紧急求助功能、畅连视频报警等。

截至2021年12月，搭载鸿蒙系统的设备数已经超过3亿台，成为全球三大智能终端系统之一。除华为自有品牌，金融、家电、房地产等行业的巨头企业也纷纷接入了鸿蒙系统。2022年，鸿蒙系统将正式登陆欧洲市场。虽然前路还会面临很多困难，但是那个很酷的梦想又往前走了坚实的一大步。不是吗？

而这一切，只有当核心技术不再受制于人，才能自主选择和行动。

问题大挑战

●鸿蒙操作系统到底是什么？

鸿蒙系统本质上是一个软件。硬件如同人类的躯体，看得见、摸得着。作为软件，鸿蒙系统如同人类的思想和灵魂，虽然摸不到，但能管理和控制硬件，让各种零部件成为一个有机整体。鸿蒙系统是软件中最基础的系统软件——操作系统。操作系统被誉为软件皇冠上的明珠，它如同军队里的最高指挥官，以硬件零部件为士兵，指挥它们完成各种任务。鸿蒙系统是新一代的操作系统，不仅具有传统操作系统的特性，而且能将许许多多如手机、电视、空调等智能终

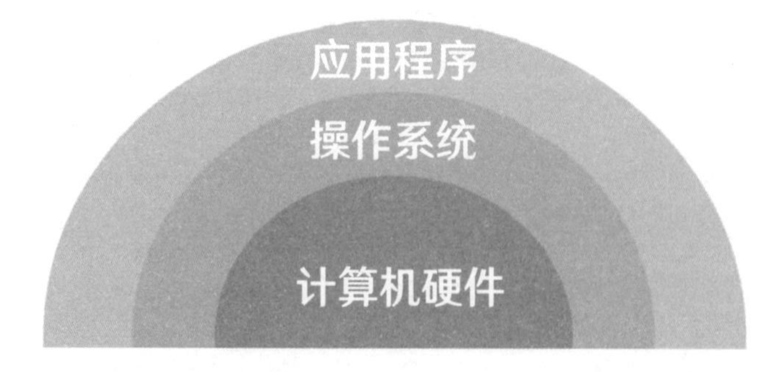

端有机结合起来，为我们的生活提供更加便利的、更为贴心的服务。在我国信息化领域，鸿蒙系统的成功研发具有划时代意义，这是我国在关键核心技术领域的一次重大突破。

• 突破关键核心技术为什么那么难？

关键核心技术是国之重器，这些年我国高度重视其发展。不仅我国是这样，任何有远大理想的国家都把它作为核心目标之一。但掌握核心技术确实是很难的一件事。原因很多，主要包括以下几方面。第一，核心技术投入大，周期长。投入之大，犹如造陆建海。例如，仅2020年一年，华为公司在技术研发方面的投入就有1400多亿元，与北欧国家冰岛同年国民生产总值相当。周期之长，犹如愚公移山。例如，高端半导体材料等基础产业需要几代人的技术积淀才能实现突破。第二，核心技术突破需要打破寡头垄断。例如，没有光刻机的支持，即使设计出先进高端芯片也无法生产制造，但光刻机主要掌握在极少数的发达国家手中，而且这些国家对我国进行出口限制。第三，核心技术发展需要技术生态和产业链的支持。核心技术的发展从来不是孤立的，需要上、中、下游相关的技术和商业协作，否则孤掌难鸣。例如，操作系统作为基础软件的代表，需要大量应用软件适配

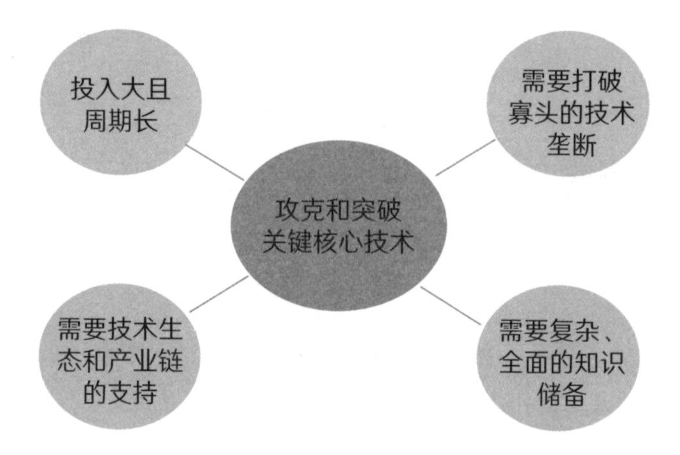

才能得到推广。第四，掌握核心技术需要复杂、全面的知识储备。例如，许多计算机前沿技术需要数学、化学等基础科学理论的突破和交叉学科的创新。

•我们花高价就一定能买来先进技术吗？

关键核心技术可是要不来、买不来、讨不来的哦！新中国成立初期，原子弹、导弹和人造卫星等核心技术被西方国家封锁，并不是金钱能买来、换来的。钱学森、邓稼先等老一辈科学家穷其一生突破技术封锁，自主研发出“两弹一星”，推动了我国快速发展，让世界刮目相看。落后就会挨打，这个道理也适用于网络安全领域。例如，我国5G网络发展前景一片光明，由于西方国家芯片技术限制，我国某品牌设备只能使用4G网络信号。事实表明，只有掌握互联网基础设施关键技术，才能牢牢把握我国网络的发展权，才能有力支撑全球互联网安全的、稳定的、良性的升级改造。

探索发现

网络安全思维

飞轮效应，唯有不懈努力才能换来真成功

孟子是儒家的重要代表人物，被尊称为“亚圣”。《生于忧患，死于安乐》是孟子所作的千古名篇，其中有一句是：“天将降大任于斯人也，必先苦其心志，劳其筋骨……”

华为公司通过长达9年的技术攻关，最终自主研发出了鸿蒙操作系统，为我国攻克信息化产业“缺芯少魂”问题树立了

行业标杆，这就是要给大家介绍的飞轮效应。它是指如果让静止的飞轮飞快地转动起来，开始时需要很大的力气，一圈圈反复地推动，每一份力量都会让飞轮转动得更快，当飞轮达到一定速度后，仅仅需要一点儿力量就能让飞轮保持原有速度运转。

你在学习时会不会感觉开始很难？但随着学习深入，你有没有慢慢感觉适应了？网络安全建设也一样，开始时投入较大，但后续就会发现前期投入是值得的。我国高度重视互联网技术发展，通过长期投入，现在我国在5G、大数据、人工智能等前沿技术方面都有了长足进步。

我们学习和实践网络安全知识与技术，开始时也会一头雾水，万事开头难，但持续努力，坚持下来后就会发现一个持续更新的自我。

网络安全实验室

屏幕保护程序很重要

当你有事匆忙离开时，如果没及时关闭电脑甚至没有退出系统账号，电脑里的内容是不是有被偷窥或者泄露的风险？屏幕保护程序可以很好地解决这个问题。

屏幕保护程序是一个非常实用的功能，在一定时间内没有任何操作时，电脑屏幕就会自动锁定，重新输入口令后才能继续使用。

实验工具：家用电脑、Windows 10 家庭中文版操作系统。

实验目的：设置屏幕保护程序来提升网络安全意识。

实验过程：

首先，请登录电脑。

然后，移动鼠标到系统桌面空白处，点击鼠标右键，点击“个性化”，进入“个性化”设置窗口。在“个性化”设置窗口的左部，寻找“锁屏界面”功能并点击进入。

最后，点击“屏幕保护程序设置”，可以选择多种屏幕保护界面，例如，彩带、气泡、变幻线等，最重要的是设置等待时间，建议不超过 10 分钟，并选择“在恢复时显示登录屏幕”选项，点击右下角的“确定”或“应用”按钮。

恭喜，你已经完成了“屏幕保护程序”设置。当你忘记锁屏就离开电脑时，超过预定时间，电脑屏幕保护程序就会自动运行，有人再想趁机偷用电脑就要重新确认身份了。

不要小看这个功能，这可是信息安全的重要策略之一。

互联网生存法则

小小爱国科学家

《中庸》一书中说：“好学近乎知，力行近乎仁，知耻近乎勇。”爱好学习，才能接近智慧；不断实践，才能接近仁爱；知道廉耻与不足，才能接近英勇。在互联网关键基础设施领域，我国还存在许多“卡脖子”的关键核心技术难题，有些难题甚至是科学世界里的“无人区”，至今还没有前人涉足或取得成功。对于青少年读者来说，如果从现在起认真学习科学知识，发现不足，正视短板，培养自己勇于探索和求真务实的科研精神，锲而不舍，成为小小爱国科学家，未来说不定会成为让祖国站在世界技术之巅的伟大人物!

这里，我给大家总结了一个“小小爱国科学家”口诀。

小小爱国科学家

科学文化是法宝，基础知识要学好。

文体美育莫轻视，敢于探索要记牢。

关键基础设施好，网络服务才可靠。

核心技术靠自己，干事创业新面貌。

自主产品要支持，国家强盛我骄傲。

确立大志要趁早，羡慕他人自烦恼。

互联网趣人趣事

华罗庚与计算机

华罗庚是我国著名的数学大师、中国科学院院士。华罗庚在解析数论等很多数学领域取得了辉煌成就，也培养出了陈景润等国际知名的大数学家。此外，华罗庚也是中国计算机发展的奠基人之一。早在新中国成立之前，华罗庚在美国普林斯顿大学从事研究工作，其间访问过当代计算机之父冯·诺依曼，深知计算机对现代科学发展具有十分重要的促进作用。新中国成立初期，华罗庚毅然放弃国外优厚待遇，回到祖国，投身新中国的伟大建设中。华罗庚在中国科学院数学研究所组建了我国第一个计算机科研组，中国电子计算机技术从此起步。1958年的国庆游行队伍中展示了中国第一台计算机的模型。中国计算机技术为中国的“两弹一星”发展提供了基础的技术支撑，为我国科学技术发展立下了汗马功劳。

第四章

网络服务与应用安全："黑"与"白"的对决前线

网络攻击：看不见的花式“黑手”

当有一天你发现自己写东西全靠纸，说话只能面对面，你会怎么想？难道像电影里一样出现了穿越剧情？显然不可能。但是，这样的事却真实地在一家大名鼎鼎的国际影业公司发生过。

2014 年的一个普通冬日，这家影业公司的员工们一大早赶到工位，开始一天的忙碌。然而，意想不到的是，他们的电脑竟然完全失控了。电脑屏幕上闪现出红色的骷髅头和一段英文警告，翻译成中文就是：……现在只是个开始……攻击还将继续……我们已经得到你们的所有数据，包括一切秘密……如果你们不服从……我们将向全世界展示这些秘密……

没有出现影视剧中打、砸、抢的火爆场面。但是，几千台电脑和服务器同时瘫痪了，海量存储信息变得无影无踪——数据被盗走并删除，其中包括员工们的各种重要个人信息，还有各类合同、财务报表、法律文件，以及尚未放映的电影和没有开拍的剧本等高度机密信息，甚至还有大明星们的片酬和隐私……据称，这次“偷库”攻击至少窃取了 100TB 的数据。100TB 有多大呢？它差不多是美国国会图书馆十倍的信息存储量。

攻击发生之后，公司禁用了整个企业网络，防止进一步破坏行动。于是，员工们只能尝试把被删除的电子文件和新事项手动写在纸上，甚至工资也需要用手写的支票支付。通讯录消失，员工们如果不记得对方的电话号码，就只能到处找人面对面沟通。动手和跑腿其实并不算什么，更糟糕的是什么呢？

当年的《华尔街日报》报道说，这家公司中超 4 万名现任和前任员工的社保号码被偷走了。一位亲历这一事件的员工在接受一家杂志采访时讲到了当时的情形。他的同事们开始担心自己一生的积蓄、退休金甚至孩子。他自己修改了所有密码，有人还更换了护照和其他证件。这并不是庸人自扰。大家之所以担心，是因为那些看不见的“黑手”还在不断执行新的计划，比如给员工们发送恐吓邮件：你必须公开指责公司，否则你和你的家人将受到伤害。

网络攻击者既然能够利用员工的邮件地址，就可能动用其他个人信息数据，像社保信息、医疗数据甚至子女的相关身份信息等。事实上，有人莫名其妙地被起诉，有人的电子邮箱密码被叫卖。一些电影明星的相关信息被曝光，引发了娱乐圈的动荡。隐私信息泄露的“并发症”令他们叫苦不迭。

当然，合作信息和数字资源泄露所造成的商业危机、解决问题的超负荷工作量乃至社会舆论都让人头痛不已，并且需要很长时间去修复……

看，这就是网络攻击的破坏力。那些暗处的“黑手”，也许只需要在一个遥远的地方轻轻敲一敲键盘，就可以发动一场没有硝烟的破坏战。

而且，不管你相不相信，有时候，网络攻击的波及范围和造成的伤害，甚至超过一次自然灾害、一场真正的战争。

问题大挑战

• “偷库”是什么？

互联网时代是“数据为王”的时代。数据是互联网应用和服务中最重要的资产之一，数据库是用来存储数据的关键核心环节，例如网络游戏的账户、密码和游戏装备，电子邮件、社交账号和密码，网购的电子货币以及银行用户的身份证号、联系电话……这些都储存在数据库中。“偷库”指不法分子利用系统漏洞或其他方式非法获得数据库内容，是常见的一种网络攻击。这种网络攻击一旦发生，损失无法估量，再回想一下故事中的情况就不难理解了：一家机构的数据库被盗，不仅给机构运转带来无尽烦恼，而且给用户带来极大的风险，甚至会给整个行业和周边行业带来无法承受的损失。

• 网络攻击有哪些花招？

在说网络攻击的花招之前，我们先来看看什么是网络攻

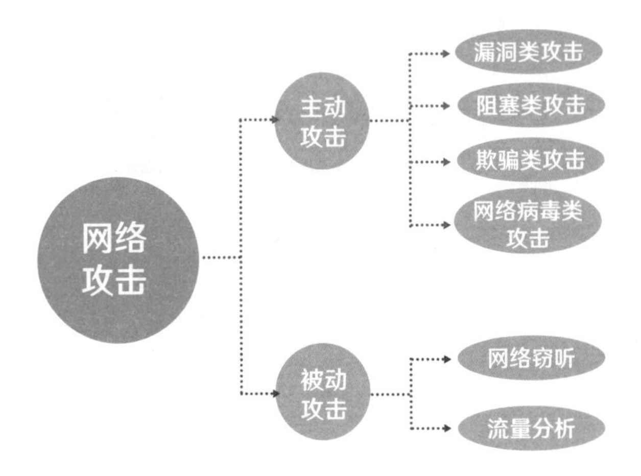

击。它是利用人为设计的特殊计算机程序或计算机病毒以及其他手段，削弱、破坏或者摧毁计算机网络系统，或降低其使用效能的各种措施和行动。可以简单地认为，网络攻击是指基于漏洞和缺陷对网络及其应用进行攻击或非授权操作的行为。

网络攻击种类很多。从攻击方式分类，网络攻击可以分为主动攻击和被动攻击两大类，主动攻击侧重数据篡改和资源消耗，被动攻击侧重数据截取。常见的主动攻击包含漏洞类攻击、阻塞类攻击、欺骗类攻击、网络病毒类攻击等，常见的被动攻击包括网络窃听等。

随着攻防技术的逐渐成熟，黑客团体采用多种攻击手段有组织地对目标展开长期、持续的攻击活动，这被称为定向威胁攻击，也称APT（Advanced Persistent Threat，指高级持续性威胁）攻击，具有更高的隐蔽性和针对性。故事中这家国际影业公司就是遭受了定向威胁攻击，最终导致大量数据被盗。

• 小网民也会遭遇网络攻击吗?

网络攻击一般是为了政治利益和经济利益，攻击目标一般为国家、公司和特定组织。对于个人，特别是未成年人，防止盗取或破坏个人信息是防护的重中之重。系统漏洞、网络病毒和欺骗类攻击是盗取或破坏个人信息的主要方式。定期升级电子设备系统能够有效修复系统漏洞，在父母的监督下上网能够有效阻止欺骗类攻击的发生。学会网络病毒查杀本领，将会让你受益匪浅。

数字世界里也有恐怖传染病——网络病毒

“您的一些重要文件被我加密保存了……想要恢复全部文档，需要付点费用……一个星期之内未付款，（文件）将会永远恢复不了……”2017年5月12日，国内很多高校学生的电脑屏幕上弹出了一个简直令人心惊肉跳的界面。

千万别以为这只是一个小小的恶作剧。因为在临近毕业的时刻，一旦毕业设计和论文无法恢复，那感觉应该不亚于晴天霹雳，就像好不容易看到海岸的水手突然遇到暴风雨，考试快要结束时所有答题突然消失一样。

除了高校，很多加油站、火车站、自助终端、医院等都遭遇了“勒索”，导致一系列与电脑相关的工作完全瘫痪。事情还远不止于此。除了中国，在5小时内，包括英国、俄罗斯等欧洲国家的大量电脑同样遭到了攻击，电脑用户被勒索支付300美元比特币赎金，才能解密恢复文件。在相关统计数据中，至少150个国家、30万名用户中招，造成损失预计高达80亿美元，影响到金融、能源、医疗等众多行业。

这场全球大爆发的互联网灾难是怎么发生的？罪魁祸首是一个仅如电子照片容量大小的“蠕虫式”勒索病毒软件，英文名为WannaCry，中文含义为“想哭”。至于勒索病毒是怎么来的，那就要从美国国家安全局说起了。

美国国家安全局（National Security Agency）隶属于美国国防部，是美国政府机构中最大的情报部门。美国国家安全局在网络安全方面的主要任务之一是提供高质量的情报信息，用于监测、预防、弱化、抵御攻击，防止信息或系统遭到篡改或破坏。这一机构本身同时掌握大量开发好的网络武器，但在2013年一批网络武器被一个名为“影子经纪人”（Shadow Breakers）的黑客组织窃取了，其中一个网络武器名为“永恒之蓝”，该武器具有一个“神奇”功能，那就是能够通过网络快速自我传播到许多电脑中。2017年4月14日，“永恒之蓝”被“影子经纪人”在网上公布。糟糕的是，5月12日，不法分子通过改造“永恒之蓝”制造了“想哭”勒索病毒，这个病毒能够通过网络快速自我传播，干尽坏事。

“想哭”勒索病毒是怎么搞破坏的呢？当电脑开机之后，一旦用户电脑系统被“想哭”入侵，电脑上的照片、图片、文档、压缩包、音频、视频等几乎所有类型的文件，都被加密上锁。接下来上演的就是故事开头那些令人欲哭无泪的情节了：不计其数的电脑弹出对话框，提示勒索目的。难道就只能任其勒索吗？当然不能。在互联网世界，有一种“反攻”叫作病毒防护，需要使用正确、科学的方法来防范、监测、查杀病毒，让电脑、手机等电子设备恢复“健康”。针对“想哭”勒索病毒，微软发布 MS17-010 补丁，修复了“永恒之蓝”攻击的系统漏洞。

但是，你知道吗？事件过去多年，勒索病毒并未灭亡，它如同《西游记》里变化多端的白骨精一般，改头换面后变成各种各样的变种病毒。2020 年 4 月，“WannaRen”勒索病毒悄悄出现在互联网中，但其感染能力相对有限，并未造成太大影响。勒索病毒的存在，时时刻刻提醒着我们：在网络世界，一不留神，隐藏的“黑手”就会卷土重来。

问题大挑战

网络病毒会让谁“生病”？

网络病毒是在网络上传播的计算机恶意程序，并不是自然界中的病毒。网络病毒虽然不能在生物之间传播，但常常具有类似自然界病毒的感染特性，只感染、破坏电脑和手机等智能电子设备，盗取个人信息，破坏甚至摧毁网络运行环境。网络病毒暴发，很可能造成十分恶劣的影响，涉及范围广泛。例如，据报道，2017年暴发的勒索病毒就感染了多家医院的电子设备。试想一下，对病人紧急救护的医疗系统突然停止工作，这是多么可怕的一件事！

网络病毒主要有哪些？

网络世界中有许多种网络病毒，它们形形色色、各具特点。网络病毒有不同的分类方式。从功能区分，网络病毒主要分为木马病毒和蠕虫病毒。木马病毒一般不独立存在，而是隐藏和寄生于正常程序中，本身仅是一段具有特殊功能的恶意代码。木马病毒能够窃取用户账户和密码等，主要通过邮件附件、网络下载等方式进行传播。例如，曾经暴发的"冰河"木马病毒帮助不法分子远程访问和控制电脑。蠕虫病毒通过计算机系统漏洞在电脑之间不断传播和自我复制，能够获得电脑控制权限或者破坏电脑系统和网络。故事中的"想哭"勒索病毒就是一种蠕虫病毒变种。

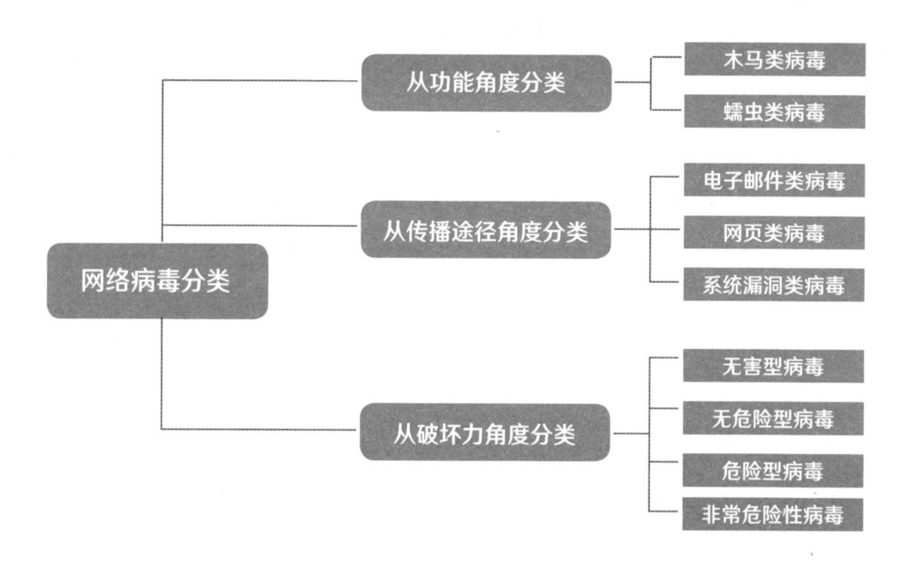

• 电脑和手机怎么会感染网络病毒呢？

现实中，我们常说"病从口入"和"毒由鼻进"，所以养成勤洗手以及必要时戴口罩的好习惯，便能有效阻断病毒传染途径，保护自身健康。在网络世界中，电子设备感染网络病毒也类似，传染途径存在一定规律。电脑感染病毒，一般通过U盘（全称USB闪存盘）和光盘、网络下载、系统漏洞三个途径。手机感染病毒，除上述途径外，还有连接陌生Wi-Fi、蓝牙传输、彩信传播等方式。

为了阻断网络病毒传染途径，就像勤洗手、戴口罩一样，需要有针对性地加强电子设备保护。例如，电脑插入U盘时，我们需要用杀毒软件扫描后再打开；不要点击陌生邮件的附件；电脑和手机系统及时更新；不要轻易使用陌生Wi-Fi；手机蓝牙用完后及时关闭等。养成这些安全习惯，电子设备将会更安全。

● 电子设备感染网络病毒是什么症状、怎么治？

手机、电脑等电子设备感染病毒后，表现各不相同。有的表现为系统变慢，有的表现为软件和文件打不开，还有很多情况使用者没有任何察觉，但数据已经被窃取。所以，无论是否感知到手机和电脑等电子设备感染病毒，请大家定期杀毒和配置防火墙。如果发现电子设备无法正常工作，并且无法用杀毒软件查杀病毒，不用慌张，可以找计算机专业人士帮忙处理。本章的“探索发现”里还有一些对症秘方供大家详细了解。

探索发现

网络安全思维

墨菲定律，网络世界中存在“黑天鹅”

考试时预计不会考的知识点往往会出现？担心出事的环节往往会出现差错？……这就是墨菲定律在作祟。这个定律是一位名叫爱德华·墨菲的工程师提出来的。其核心含义是如果事情有变坏的可能，不管这种可能性有多小，只要时间足够长或重复次数足够多，它总会发生。看完“勒索”病毒的故事，你是不是还觉得这些网络病毒离自己的电子设备很远？或者认为只有倒霉的人才会被网络病毒感染？其实，网络病毒离你我很近，甚至你的电子设备已经悄无声息地被感染了。互联网是全天候运行的，并且全球有将近50亿网民在使用各种网络应用，所以网络安全满足上述条件，遵循墨菲定律。系统漏洞、人为疏忽、盲目大意都是网络病毒的“温床”，所带来的后果都将慢慢暴露出来。

所以，墨菲定律告诉我们，一定要养成科学上网习惯，掌握防范网络攻击的技能，将那些处于萌芽状态的、潜在的数字“黑天鹅”及时消灭，不能养成得过且过、马马虎虎的习惯。

网络安全实验室

守护网络安全的左右“门神”

每逢春节，我国很多地方有贴门神的传统习俗，用以寄托“保平安、护家宅”的美好心愿。门神一般成对出现，分为左右门神，分别贴在家宅的左右两扇门上。传说，唐太宗李世民有段时间里连连噩梦，总觉耳边有人哭诉，难以安眠，便让两名非常信任的大将秦琼和尉迟敬德为其守夜。说来也怪，这两位身经百战的武将守夜后，李世民便能睡得很安稳，一旦两人不在，李世民便噩梦不断。秦琼和尉迟敬德两位将军每天守夜实在辛苦，李世民就命人将两位将军的画像贴在门上，从此便能一直安稳入睡。渐渐地，这些画像也传到了民间，贴门神的习俗就此形成了。

网络病毒能够以互联网为媒介感染电脑等电子设备。防火墙和杀毒软件便像把守网络安全大门的左右门神，时刻保护着计算机、手机等智能终端，免受感染病毒之苦。

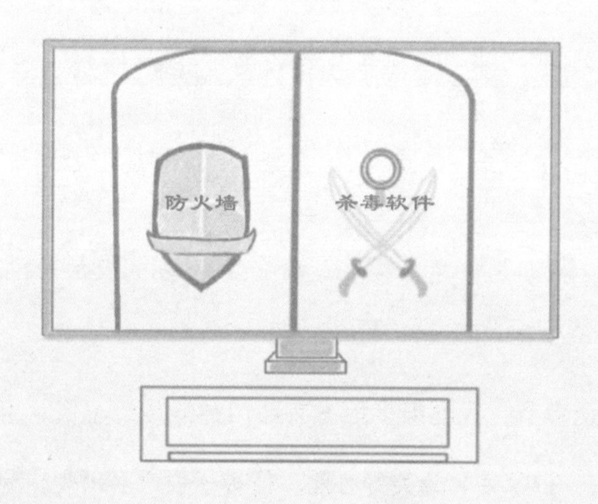

防火墙，计算机的“左秦琼”

家用电脑自带的防火墙就像口罩一样，能够监控计算机网络连接，可以有效阻断木马病毒等恶意程序向外发送数据，也可以阻断外部可疑程序向内发送指令。

实验工具：家用电脑，Windows 10 家庭中文版操作系统。

实验目的：学会如何启动电脑防火墙，提高电脑安全水平。

实验过程：启动家用电脑的防火墙。

首先，登录电脑后，用鼠标左键点击系统桌面左下角的“开始”按钮，选择“设置”按钮，在“windows设置”功能里的“查找设置”框里输入“控制面板”四个字并搜索，选择并进入“控制面板”后点击“系统和安全”按钮，寻找“Windows Defender 防火墙”功能并进入设置界面，用鼠标选择左侧的“打开或关闭windows防火墙”，在“专用网络设置”和“公用网络设置”中用鼠标点击“启动Windows防火墙”，点击“确定”后就启动了防火墙。

设置防火墙时请注意，防火墙设置需要具有管理员权限，否则在开启防火墙时就需要管理员权限认证。由于系统版本和用户习惯不同，设置防火墙的过程可能存在差异，请根据具体操作系统版本进行设置。

防火墙有许多可以定制的安全策略，你能否尝试摸索、定制一个属于自己的安全策略？

杀毒软件，计算机的“右敬德”

杀毒软件是电脑上最重要的安全软件之一，它就像医生一样，能够为电脑检查“身体”和医治“疾病”。

实验工具：家用电脑，金山毒霸杀毒软件 V14。

实验目的：学会启动杀毒软件，对电脑进行全面杀毒。

实验过程：启动杀毒软件并进行杀毒。

家用电脑有许多著名的杀毒软件品牌，有免费杀毒软件，也有付费杀毒软件，虽然功能差异较大，各具特点，但基础功能类似。本次实验以金山毒霸 V14 为例，实验前请安装好。

首先，登录电脑后，用鼠标左键点击系统桌面左下角的“开始”按钮，找到应用程序中的金山毒霸病毒查杀工具。用鼠标点击运行该应用程序登录到金山毒霸主界面。然后，用鼠标点击“全面扫描”按钮，查杀工具就会对电脑进行全面扫描。一旦发现病毒，它会提示存在被病毒感染的文件和数据，请大家提前按照提示完成病毒查杀操作。

移动硬盘或者 U 盘等存储设备是电脑病毒传播的重要载体。当需要使用移动硬盘或者 U 盘时，将它们插入电脑后，需要先对其进行病毒查杀工作，然后打开或者使用这些存储设备。按上面方法打开金山毒霸主界面，在左下角找到“闪电查杀”的功能扩展按钮，选择“自定义查杀”选项，然后选择插入的移动硬盘或者U盘，用鼠标左键点击“确定”按钮，金山毒霸会对选定的移动硬盘或者U盘进行查毒杀毒。另外，也要养成定期对电脑进行全面杀毒的习惯，在“闪电查杀”的功能扩展按钮中选择“全盘查杀”选项，金山毒霸会对电脑进行全面查毒和杀毒。只有学会使用杀毒软件并养成查杀病毒的好习惯，电脑才会变得更安全。现在流行的计算机杀毒软件非常多，你能熟练使用自己电脑或者手机上的杀毒软件吗？如果没有安装杀毒软件，一定要告诉自己：杀毒软件就像电脑杀毒防毒的“大将军”，不能不装哦！

互联网生存法则

“一查二更三杀毒”

互联网是开放的大平台，想减少网络病毒所造成的损失，预防电子设备被网络病毒感染，就需要培养安全上网、安全用机的好习惯。这里为大家总结了“一查二更三杀毒”的方法。

“一查二更三杀毒”方法

（1）第一时间检查是否安装杀毒软件

使用手机、电脑时，第一时间要检查是否安装了杀毒软件。如果没有安装杀毒软件，请先不要使用网络银行、即时通信、电子邮件等重要程序，防止失窃。

（2）及时做好二个“更新”

及时更新杀毒软件。

及时更新杀毒软件病毒库。

（3）掌握三个杀毒方法

做好日常闪电查杀。

定期进行全盘查杀。

及时自定义查杀。插入U盘和下载邮件附件时，请及时对其进行杀毒。

互联网趣人趣事

第一个网络病毒竟然是个善意的实验

很多人认为1971年的爬行者（creeper）程序是人类已知

的第一个病毒类程序。早年间，计算机之父冯·诺依曼提出了“自复制自动机理论”，程序员托马斯设计了一个自我复制程序，使“自复制自动机理论”在某种程度上成为现实。这个程序通过阿帕网（互联网的前身）进行传播，并在感染计算机上显示“I'm the creeper，catch me if you can”，中文意思为“我是爬行者，有本事你来抓我”。爬行者程序通过网络从一台计算机跳到另一台计算机，并进行自我复制。

1973 年，另一个程序员开发了名为收割机（reaper）的程序，从系统中删除了爬行者。这就是被很多人认为的最早的防病毒程序。虽然爬行者病毒并不是恶意的病毒，但开启了网络世界的“潘多拉魔盒”，网络病毒与查毒杀毒便长期博弈，相克相生，网络安全也成为重要的研究课题之一。

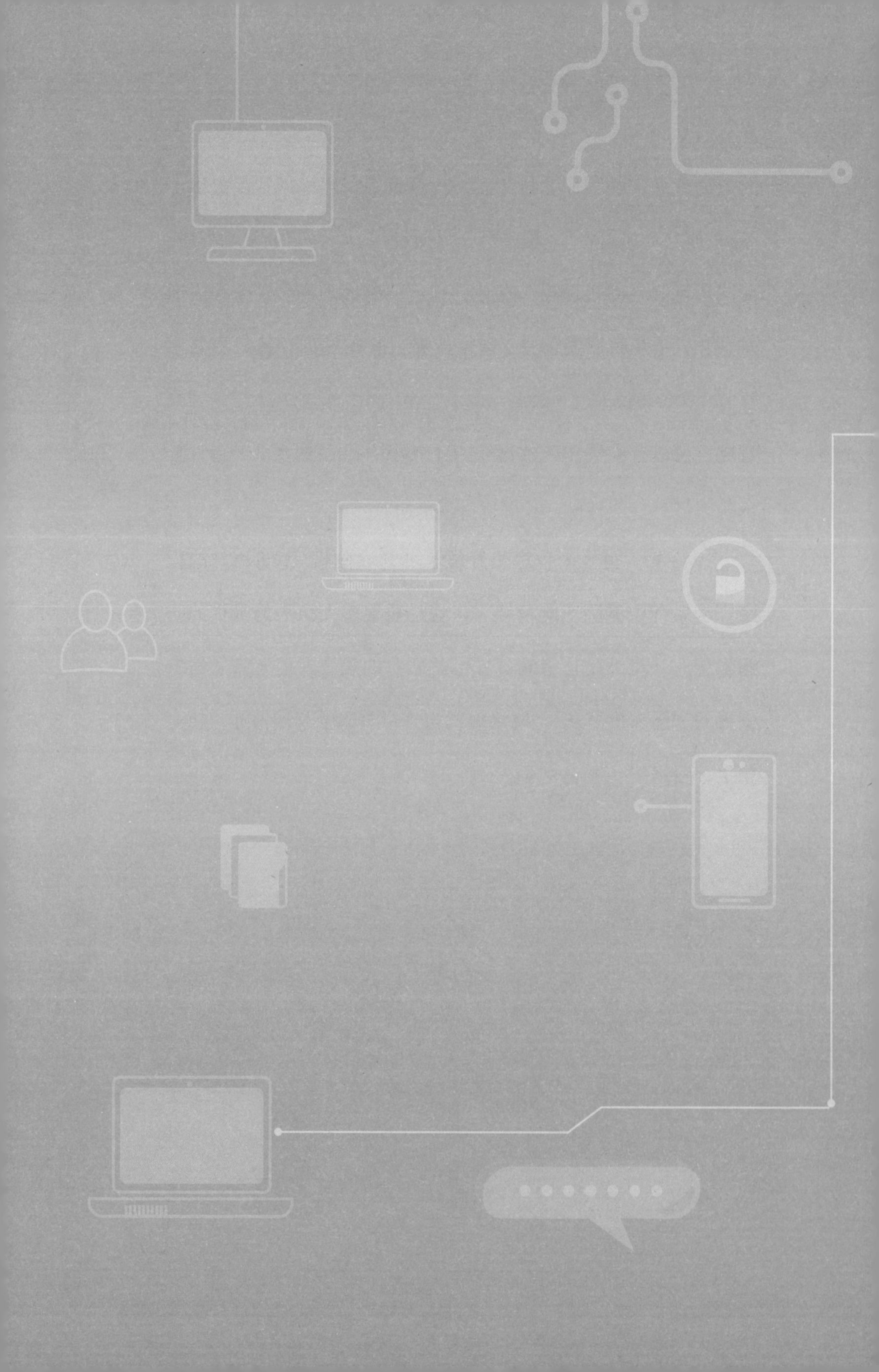

第五章

网络信息安全：网络信息保护的“实”与“虚”

古往今来的信息安全核心技术——密码

密码有多重要？有历史为证。在第二次世界大战期间，德军通过密码指挥侵略战争的“恐怖火力”来威胁世界和平，计算机世界的传奇人物图灵破译德军密码，使英国度过了艰难的时刻。这是怎么回事呢？

“二战”爆发后，潜艇成为德国在大西洋上的主要战力，并采用狼群战队打击英国等国家的商船。在狼群战中，3 ~ 5 艘潜艇集结行动。德国潜艇发现英国商船便会尾随其后，并向总指挥部传递消息。其他潜艇在总指挥部的调集下协同作战，大大提高了“通商破坏战”的效果。在这种战术中，无线电通信是关键。但是，无线电有一个很大的弊病，那就是英国也能接收到德国发出的信号。不过，德国丝毫不担心情报被截获，因为在德国的每一艘潜艇里，都配有一台恩尼格码密码机。

恩尼格码密码机的德文是 Enigma，又译为哑谜机或“谜”式密码机，是一种用于加密与解密信息的神奇机器。有了恩尼格码密码机，德国的情报在英国那里就变成了无法看懂的“天书”。于是，德国潜艇得以在大西洋上神出鬼没、肆无忌惮。英国前首相丘吉尔在回忆录中说，在“二战”中，唯一使我害怕的，就是德国的潜艇。在当时，英国出动海军为商船护航，但是并没有效果。这样一来，身为岛国的英国，许多生活物资和军事物资依赖国外，大西洋上的生命线完全被德国人控制。英国的经济命脉一度几乎断绝，大英帝国遭遇到前所未有的危机。破解恩尼格码，迫在眉睫。

其实，早在“一战”结束后，英国政府就建立了政府代码及加密学校（Government Code and Cypher School, 简称 GC&CS），破解恩尼格码是其“二战”期间最重要的工作之一，工作人员包括数学家、语言学家、象棋冠军、填字游戏高手等。这些人中，有一个功绩卓著的人，他就是阿兰·图灵。

当时，阿兰·图灵制造出一台高 2 米、长 2 米、宽 1 米的巨型解密机，并为机器引进了大量的电子零件、更有效的算法来提升运转速度，通过多种创新方法，最终破解了恩尼格码。恩尼格码被破译之后，英军就可以对德军的很多行动了如指掌。后来，德军潜艇的行动量增加到原来的两倍，其截获的物资数量却从每个月的 70 万吨减少到 10 万吨，这极大地化解了英国面临的经济困境。有资料记载，在“二战”期间，很多台解密机器不间断工作，每天能够破译 3000 多条德军密电，使英国军方能够提前知晓德军的作战信息，在战事中起到了重要作用。

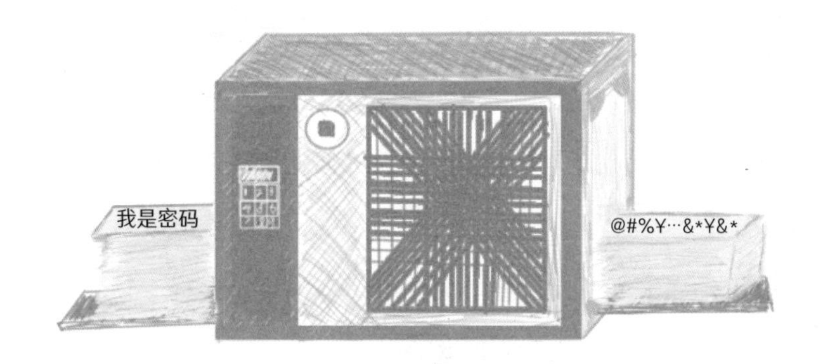

密码战充满了神秘色彩，很多年后一些往事才被披露。可以确定的是，密码技术在古今中外都产生了重要影响。我国革命史上也不乏佐证。例如，我国土地革命战争时期，红军成功粉碎了国民党反动派多次“围剿”，以曾希圣为优秀代表的红军情报人员多次在关键时刻成功破解了国民党的军事密码，获取至关重要的敌军军事情报，红军利用这些情报巧妙地躲避多种艰难险阻，为最后取得伟大胜利作出了不可磨灭的贡献，是不可替代的“幕后英雄”。

在历史的长河中，密码技术就像升级换代的计算机系统一样，不断演变。直到现在，在保障网络与信息安全的各种技术中，密码技术仍是目前世界上公认的最有效、最可靠、最经济的关键核心技术。在网络世界，从涉及国家安全的保密通信、军事指挥，到涉及国民经济的金融交易、防伪税控，再到涉及公民权益的电子支付等，密码技术就像一个看不见的忠诚卫士，在网络体系中发挥着基础支撑作用，维护着网络世界的安全、稳定运转。

问题大挑战

● 此密码非彼密码？

大家对“密码”这个名词并不陌生，因为日常生活中会常常提到、用到，比如登录游戏、邮箱等。但是，类似于游戏密码、邮箱密码、网站登录密码、银行存取款密码等其实严格来说应该叫作口令，只是习惯上被人们称为密码。口令一般用于认证身份，就像《一千零一夜》里阿里巴巴与四十大盗的故事中，“芝麻开门”就是一个口令。

在科学世界里，密码是指采用特定变换的方法对信息等进行加密保护、安全认证的技术、产品和服务。它能对看得懂的信息等进行“变身”，转换成看不懂的内容。这个神奇的“特定变换方法”，被称为加密方法。这个转换过程就是加密过程，转变后看不懂的内容被称为密文。与密文相对应的概念是明文，是加密过程中的原始信息。将密文转换成明文的过程被称为解密，所使用的方法被称为解密方法。在加密和解密过程中，需要输入仅通信双方知道的参数，这个参数被称为密钥。

• 密码技术的前世今生是怎样的?

我国历史上最早关于密码技术的记载出自古籍《六韬·龙韬》，姜子牙献计周武王，作战过程中通过传递阴符和阴书进行通信来确保信息安全。所谓阴符，就是通信时使用长短不同的竹片代表不同含义，使用一尺长的竹片时表示大胜克敌；九寸竹片表示破军擒将；八寸竹片表示降城得邑等。在古典密码中最有名的莫过于恺撒密码，它使用字母混淆技术进行加密。20世纪中叶，美国科学家克劳德·香农发表《保密系统的通信理论》，为密码系统建立了基于数学的理论，标志着密码学成为一门科学。20世纪70年代，惠特菲尔德·迪菲和马丁·赫尔曼提出了公开密钥的思想，建立了现代密码体系。当前，世界上存在很多种加密解密方法，不同方法有不同的特点，在不同场景中发挥着独到的保密作用。我国在密码学领域建树颇丰，中国科学院院士、密码学家王小云在密码理论方面耕耘多年，和国内其他专家一起设计出了哈希函数算法标准SM3密码方法，并得到国际认可。当前SM3密码已经在重要领域得到推广和使用。

我国已制定并实施《中华人民共和国密码法》，规范密码管理，引导全社会合规、正确、有效地使用密码，构建起以密码技术为核心、多种技术交叉融合的网络空间新安全体制。在我国，密码实行分类管理，分为核心密码、普通密码和商用密码三类。核心密码、普通密码用于保护国家秘密信息；商用密码用于保护不属于国家秘密的信息，如商业信息等。

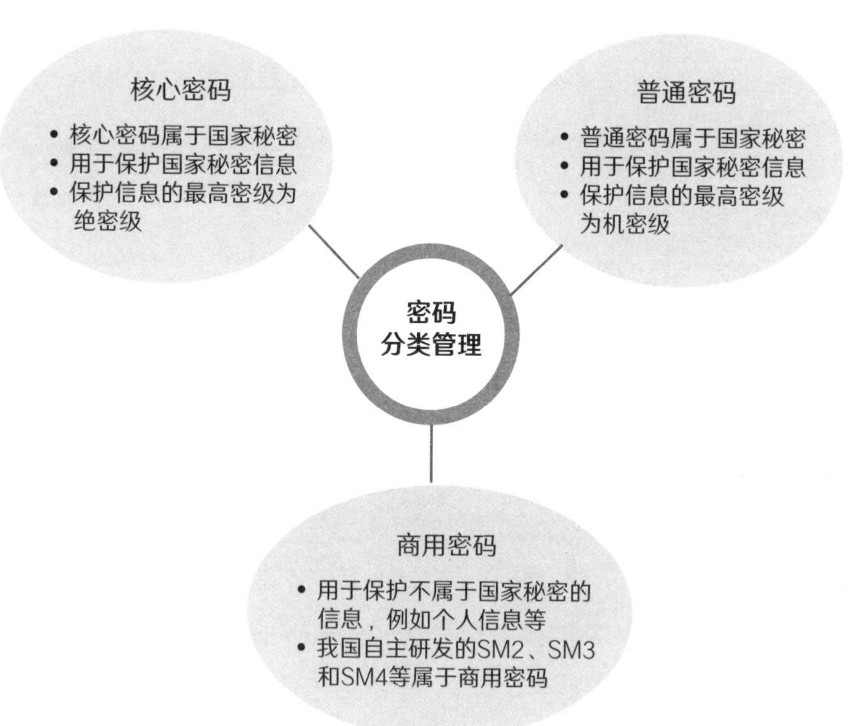

•普通人也能让信息加密？

在日常的学习生活中，要培养主动加密意识和掌握一般性的加密解密技能。密码技术其实已经在网络世界中无处不在。很多软件具有加密功能，编写文档用到的WPS和微软办公软件Word等工具、压缩文件时用到的WinRAR等工具甚至一些电子邮箱服务，都可以提供加密解密功能。如果一些重要的电子信息、电子文档需要保密，不妨在保存或者发送给朋友时特别留意一下软件本身有没有设置加密的功能。另外，一些重要网站在网络传输过程中默认使用了加密解密技术，例如有些网站使用了加密的传输协议（浏览器地址栏里显示“https:”），抛弃了不加密的传输协议（浏览器地址栏里显示“http:”）。

互联网不良信息的罪状书

你听过曾参杀人的故事吗?

曾参，也就是孔子门生中七十二贤人之一，春秋末期鲁国有名的思想家、儒学家。他博学多才，德行高尚，尤其以孝著称。这样一个人，怎么会杀人呢?

话说当年，曾参待在费地的时候，有一个和他同名的家伙杀了人。于是，有人跑去告诉曾参的母亲:“曾参杀人了!”

曾参的母亲说:“我的儿子不会杀人。”说完，她泰然自若地接着织布。

过了一阵，又有人跑来告诉她:“曾参杀人了!”曾参的母亲仍然若无其事地接着织布。

很快，第三个人跑来告诉她:“曾参杀人了!”这时候，曾参的母亲害怕了，扔掉手里的梭子，翻墙逃跑了!

这个小故事出自《战国策》。你可能会问，网络安全怎么还跟古时候的事联系起来了？

那是因为，网络作为现代社会新技术高速发展的一个代表，只是一个更为现代化的工具和载体。它所暴露出来的一些实质性问题，古往今来都有共性，比如谣言。

在曾参那个时代，一个捕风捉影的假消息只经过三个人的口，甚至会让一个慈母对贤德的儿子最终产生误解。那么，在网络时代，当谣言以爆炸式的速度和范围广泛传播，会带来什么样的后果？

答案很可能会超出想象。来看一个在互联网时代真实发生的谣言事件。

“告诉家人、同学、朋友暂时别吃橘子！今年广元的橘子在剥了皮后的白须上发现小蛆状的病虫……”这是一条来自2008年的手机短信。就是这样一条语焉不详的短信，从手机蔓延到互联网，引发蝴蝶效应，让越来越多的人恐慌不安，从而导致了一场波及多地的危机：往年热销的柑橘在那一年遭遇严重滞销。

仅在湖北省，大约七成柑橘无人问津，当时预估损失高达15亿元。在北京的批发市场，柑橘价格“大跳水”；还有地方的商贩每天甚至要吃六七斤的橘子以示“没有虫子”。后来，四川省农业厅对事件召开新闻通气会辟谣，当年的柑橘大实蝇疫情仅限旺苍县，并且很快就控制住了。但是，迅速传播的网络谣言造成的波及性损失已经无法弥补。

其实，像这样留在互联网记忆里造成严重影响的网络谣言事件不在少数，像“皮革奶粉”传言重创国产乳制品、QQ群里散布谣言引发全国“抢盐风波”“滴血食物传播病毒”传言引发恐慌等，一些针对公共事件的捏造谣言不仅会影响正常社会生活，甚至会损害国家形象，影响社会稳定。

问题大挑战

● 网络谣言都长着一张“狰狞脸”吗？

网络谣言，一般指通过聊天软件、社交网站、网络论坛等网络介质传播的已被官方证实为假或者没有事实依据的、未经证实的、具有现实危害性的信息。网络谣言往往具有突发性且流传速度极快等特点，对正常的社会秩序极易造成不良影响。尤其在一些突发事件发生时，网络谣言极易引发公众的恐慌心理，影响社会稳定。上面故事中的一些谣言就很符合这些特征。

但是，特别要注意的是，网络谣言并不都是一眼即能识别的。恰恰相反，一些谣言越来越隐蔽，甚至披上“科学”的外衣，巧妙伪装后用人们乐于接受的手段进攻。比如一些商家以各种“伪科学”的说法，虚假承诺帮孩子降低近视度数甚至治愈近视的广告。家长如果误信了网上一些“孩子太小戴眼镜反而近视程度会加深”“戴眼镜导致眼睛变形”等假信息，不及时在科学指导下佩戴眼镜，很可能会引起近视度数持续加深，视力下降更快，甚至造成弱视、斜视等。而谣言一旦搭载上微博、微信等媒介，就像插上了“隐形的翅膀”，传播速度和影响范围会呈爆炸式增长，而且不限于特定人群、特定时空、特定范围，因此往往会让一部分缺乏警惕的人中招。

互联网不良信息会玩“变形计”？

除了网络谣言，互联网世界还有很多不良信息。现在，互联网不良信息的多样化趋势已经非常明显，例如，炫耀个人财富或家庭背景的信息，淫秽色情、血腥暴力等低俗信息，赌博、犯罪等技能教唆信息，自杀、自残等消极思想，歪曲传统文化或者历史人物的信息，宣扬邪教或者封建迷信的内容，毒品、违禁药物、假证件等买卖信息，虚假股票、虚假彩票等诈骗信息，美化侵略者或者殖民统治的内容等。这些不良信息会在网络上通过各种途径、方式散布，给网民特别是心智尚未成熟的未成年网民带来不同程度的伤害。以网络暴力——网民通过互联网对他人实施辱骂和言语攻击为例，2020年未成年网民在网上遭到讽刺或谩骂的比例为19.5%，自己或亲友在网上遭到恶意骚扰的比例为7.2%。

互联网不良信息虽然狡猾多变，但只要我们方法得当，就能有效抵制它们。根据一项权威报告，2020年，65.5%的未成年网民未在上网过程中遭遇不良信息，较2019年

（54.0%）有明显好转。其中，血腥、暴力或教唆犯罪内容比例下降最为明显，从2019年的19.7%下降至2020年的10.4%。

如何获得抵御互联网不良信息的“金刚罩”？

要降低网络不良信息的伤害度，就需要有“金刚罩”护身。一方面，每个网民特别是未成年网民要加强内修。对于不良信息，我们可以用历史经验来衡量它，用科学知识来验证它，用公正客观的心态来观察它，增强自己的辨别能力，否定不科学的、恶劣的消息。换句话说，每一个网民都有可能遭遇网络谣言的糖衣炮弹，面对网络信息一定不能照单全收，盲信盲从。青少年应该从小锻炼审辨式思维，不仅会增强谣言的抵抗力，还会在未来创新发展方面更有竞争力。

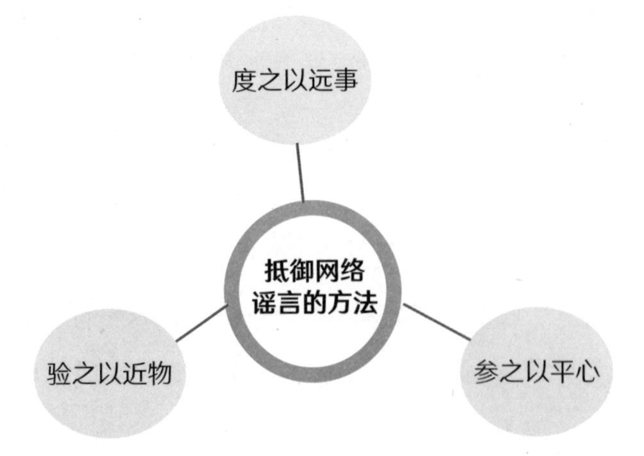

另一方面，我们还可以充分借助外援。针对虚假信息等网络谣言，我国发布了“联合辟谣平台”APP，专门提供辨识谣言、举报谣言等服务，这个平台还有微信公众号和网页等形式。遇到难以辨别真伪的网络信息时，可以登录APP去搜索验证一下，做到不造谣、不信谣、不传谣。另外，后文的“网络安全实验室”中将详细讲解如何“拿起防止不良信息的坚盾”，不妨先去预习一下。

探索发现

网络安全思维

冰山原理，切莫引爆水面下的“隐形炸弹”

你见过漂浮在海面上的冰山或者漂流在江河里的浮冰吗？我们能见到的、暴露在水面以上的冰体仅占冰山或者浮冰总体积的八分之一，而另外八分之七潜伏在水面以下。

世界著名安全工程师海因里希通过统计发现，安全事故类似海洋中漂浮的冰山，暴露的问题仅仅是冰山一角，这就是冰山原理的核心内容。网络安全也遵循冰山原理，暴露出来的问题可能仅仅是一小部分，还有更多的问题在悄悄地潜伏着，所以千万不要掉以轻心。也许我们只是偶然看见了几条不良信息，可以选择视而不见，但恐怕更多的不良信息已经在互联网上悄然传播开来，给他人造成了难以承受之痛。

理解冰山原理后，我们可以得到哪些启示呢？首先，一旦遇到网络安全事故，我们都要认真、深刻反思，并举一反三；其次，遇到网络安全事故后，一定要思考哪些习惯和技能还不具备，尽快弥补；再次，思考网络安全事故是谁造成的，不能姑息施暴者和责任人；最后，广泛了解历史上发生的网络安全事故，以史为鉴，做好知识储备，防患于未然。

网络安全实验室

加密和解密

密码的历史非常悠久，在几千年前古人就已经使用密码进行通信了。例如，在古代战争中，交战双方为了防止对方窃取通信内容，就用加密技术对内容进行加密，安全到达目的地后再解密。下面我们就通过实验来了解一下这个神奇的技术吧。

实验一：制作和使用恺撒密码盘

恺撒密码是一种简单、流行的古老密码技术。它通过字母表顺序偏移来实现信息的加密与解密。我们一起动手制作恺撒密码盘吧!

实验工具：恺撒密码表盘，2 张纸，一支笔。

实验目的：通过制作恺撒密码表盘，设计加密、解密信息，了解密码技术，体会密码原理。

实验过程：制作恺撒密码表盘，练习加密和解密方法。

(1) 制作恺撒密码表盘。

找两张颜色不同的硬纸，按照下页示意图，分别制作大表盘和小表盘，各自画出 26 个区间，在这些区间中写上 26 个字母，然后将两个表盘如下页图所示套在一起固定。确保大表盘 A 和小表盘 B 在同一圆心上转动，这样就完成了恺撒密码表盘的制作。

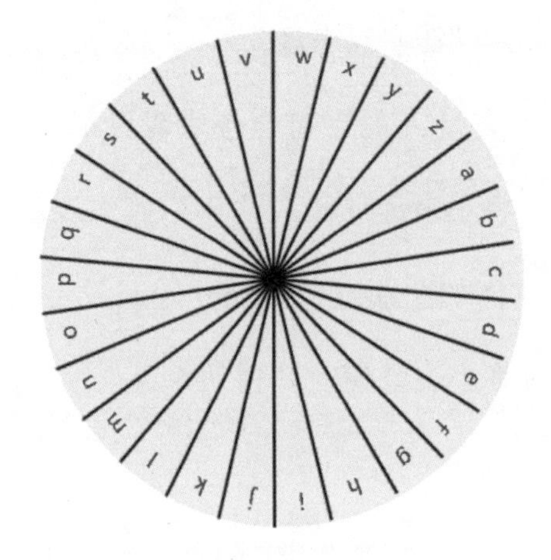

大表盘 A

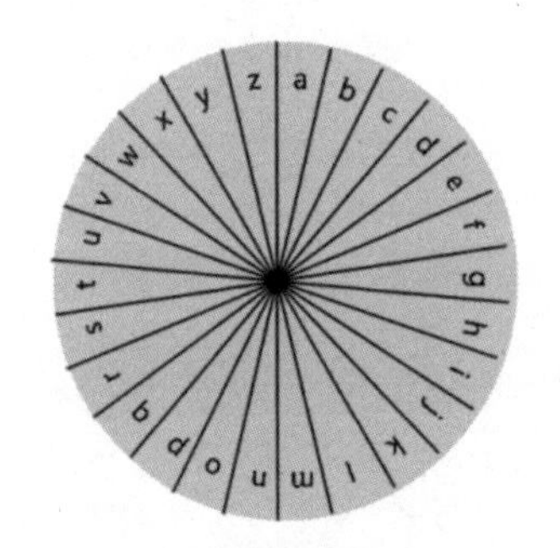

小表盘 B

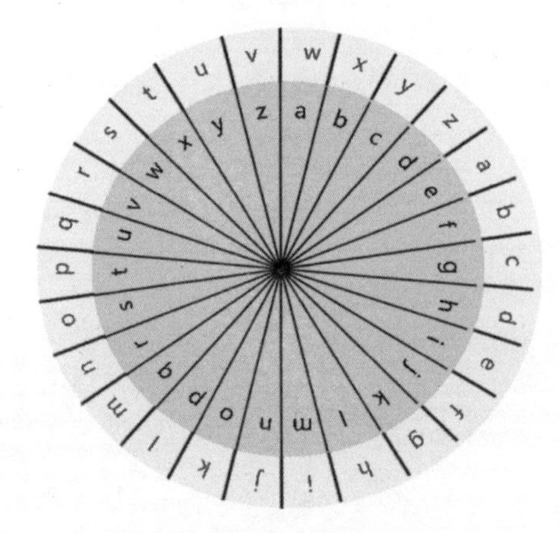

恺撒密码表盘

(2) 学习使用恺撒密码表盘。

首先，将大表盘A的字母与小表盘B的字母对齐，并保持一致。例如，将小表盘字母“a”对应到大表盘字母“a”。然后，传信双方（例如小朋友与家长）一起设定偏移量。例如，偏移量为4，就将小表盘逆时针移动4个刻度，使得大表盘字母“a”对应到小表盘字母“e”。

(3) 准备2张纸，一张是草稿纸，一张是书信纸。

(4) 使用恺撒密码表盘对草稿纸上的内容进行加密。

首先，在草稿纸上写上想说的英语，例如“father,go”。然后，拿出恺撒密码表盘，设置偏移量，例如4。最后，在小表盘字母表中找到草稿纸上的英文字母，转换成大表盘上对应的字母，标点符号不变。例如小表盘字母f与大表盘字母b相对应。这样依次转换，就将“father,go”变换成了“bwpdan,ck”，并将“bwpdan,ck”写到书信纸上。这个过程就是加密过程，将可读懂的明文“father,go”加密成了无法读懂的密文“bwpdan,ck”。

(5) 家长朋友使用恺撒密码表盘进行解密。

小朋友将书信纸送给爸爸妈妈，爸爸妈妈拿出恺撒密码表盘，用同样的方法设置好偏移量，在大表盘字母表中找到

“bwpdan,ck”包含的每一个字母，用对应小表盘的字母依次转换，最终还原出“father,go”。这个过程就是解密过程，将无法读懂的密文解密成了可读懂的明文。

通过这个恺撒密码实验，你理解加密过程和解密过程了吗？这个实验中，明文是“father,go”，密文是“bwpdan,ck”，密钥是偏移量 4，加密与解密方法是恺撒方法。

请你想一想，如果第三方（例如爷爷奶奶）不知道恺撒密码，他们拿到了书信纸，能读懂这封信吗？

实验二：信息保险箱

日常生活中，大家经常把重要信息和敏感信息存储在家用电脑上。但是，家用电脑常年连接互联网，这些重要信息和敏感信息很容易不知不觉就被窃取了。下面我们一起来做个实验，进一步保护私密信息吧。

实验工具：家用电脑，微软办公软件 Word，WinRAR 等常用工具。

实验目的：通过常用软件对电子文档进行加密和解密。

实验过程：使用常用电脑软件，练习加密和解密方法。

常用小妙招一：如果使用文档编辑软件 Word 来处理敏感数据，可以使用 Word 加密功能对内容进行加密。例如，写完内容后，可以点击 Word 软件中“文件”下拉菜单，然后选择“信息”按钮，找到“保护文档”按钮，点击“用密码进行加密”选项，创建密码后将文件进行保存。此后查看和修改这个文件时，需要先对文件进行解密。国产软件 WPS 也有非常方便的加密功能，大家可以试验一下。

常用小妙招二：我们可以巧用打包压缩软件对文件进行加密。大家常用的 WinRAR 等打包压缩软件就有加密功能，请找一找、试一试。加密后的文件在互联网中传输会更加安全。有些电子邮箱具有发送加密邮件的功能，也可以体验一下。

互联网是没有绝对安全的，我们要时时加强防护意识，尽量用好习惯降低风险。

互联网生存法则

安全“一二一”和四个“不要”

加密后的信息确实安全了许多，其他人没有得到你的许可很难看懂信息内容。但是，千万不要小看黑科技的力量。目前为止，任何加密文件都能被破解，只是破解技术有高低之分、破解时间有长短之别。互联网是现代生活中不可或缺的生活环境，我们不必因噎废食，正视层出不穷的网络问题并积极寻求答案即可，这也是互联网世界的魅力所在。但具有安全加密意识是必要的。在日常生活中，首先要科学合理设置口令，比如口令要设置得复杂些，千万不要使用姓名、手机号和生日等公开信息作为口令。然后养成良好的设置密码的习惯，对于比较重要的电子文件和信息，学会进行加密和解密处理。

这里为大家总结了安全“一二一”方法。

安全“一二一”方法

一人一账号，口令莫分享

不要与他人共用一个登录账号。无论是电脑登录用户还是电子邮箱账号等，建议大家都用自己的登录名进行登录，更不要与陌生人分享账号和口令。

二条规则要记牢，保密意识很重要

规则一：登录口令定期要更换。

互联网有很多非常有用的服务，如电子邮箱和各种APP应用程序等，我们要定期更换这些登录用户的口令。如果长期使用相同的口令，不法分子更容易“猜出”口令。

规则二：口令组成要复杂。

设置口令时，口令尽量长些，最好包含大小写字母、数字和特殊字符。不要用自己的名字、手机号、生日等公开信息做口令，这样很容易被熟人猜出使用的口令。

一定要加密，密钥要独立

私人敏感文件一定要加密存储，不同加密文件需要不同的密钥。私人敏感信息尽量不要存储和分享在网上，例如公共网盘等。如果确实需要存放在网络中，务必用加密技术处理后再存储。另外，一定要记住，我国法律规定，国家的涉密计算机是不能接入互联网的，非涉密计算机不能处理国家的涉密材料。

针对互联网不良信息问题，这里总结了四个“不要”来降低遭受伤害的风险。

四个“不要”

不要盲目相信

互联网是个开放的平台，与传统媒体有很大区别，很多言论没有得到充分的调查论证，很多内容主观性强，表面上合情合理，其实内容比较片面或者是移花接木，甚至文过饰非。面对不良信息和网络暴力等，一定要加强自律，要学会客观、科学地分析问题。

不要轻易从众

在网络中留言、发言、点赞、评论时，要培养自律的良好习惯，加强自身法制教育和网络道德教育，不要轻易从众。每一个不客观的、从众的点评，可能都是对别人甚至对自己的一次伤害。

不要委曲求全

当你成为不良信息的受害者时，要有敢于抗争的勇气和保持冷静的理性。未成年人遇到网络暴力，要保留证据，及时主动向父母和老师寻求帮助。网络并非法外之地，情节严重的，家长可以提起法律诉讼或者向公安机关报案。学会使用网络举报 APP 和 12377 互联网违法和不良信息举报电话等重要的手段，拿起法律法规的武器，举报违法和不良信息，最大程度降低伤害。

不要乱交朋友

要学会保护好个人信息，结交良师益友，防止身边人对自己造成伤害，远离流言蜚语。

互联网趣人趣事

计算机世界里的传奇“精灵”——阿兰·图灵

“二战”时，阿兰·图灵在破解德国密码方面功勋卓著。但是，你知道吗？图灵还是计算机科学理论的奠基人之一，同时也是著名的数学家和逻辑学家。

1912年，图灵出生在英国，小时候害羞、笨手笨脚，还对花粉过敏。在十多岁的时候，他着迷于地图、国际象棋和化学。有一天，图灵读到了美国人埃德温·坦尼·布鲁斯特写的《儿童必读的自然奇迹》，然后告诉妈妈，这本书让他知道了世界上还有一种东西叫作科学。书里说“人体也是一台机器”，这对图灵理解人与机器之间的关系产生了深刻的影响。后来，图灵也由于探索机器和人类间的联系而成为计算机史上的重要人物。他在著名论文《论可计算数》中提出了日后以他名字命名的虚拟计算机器——图灵机。图灵提出的图灵机模型是计算机科学最核心的理论之一。他还提出了图灵测试，为人工智能的发展奠定了理论基础。

图灵去世12年后，美国计算机协会设立图灵奖，每年只奖励一名或者两名在计算机领域作出卓越贡献的科学家。图灵奖是计算机界最重要的奖项，被大家称为计算机界的“诺贝尔奖”。我国科学家姚期智在计算理论方面作出贡献，于 2000 年获得了图灵奖。

第六章

网络行为安全法则：小心驶得万年船

身处互联网“魔法丛林”，没有避险绝技傍身怎么行

怎么样？一路看到这里，你会不会觉得互联网世界有些深不可测？这种感觉不错！因为互联网世界确实就像一片无边无际的魔法森林，散发着未知的气息。然而，无处不在的除了新鲜和惊喜，还有刺激和惊吓……想自在穿行于这样的丛林中，没点避险绝技还真不行！因为，伪装后的“陷阱”常常就在身边。

陷阱 1 号

学生小 A 很喜欢玩一款手机游戏。有一次，他偶然加入了一个游戏聊天群。当时群主发了一个二维码，还说只要用网上支付工具扫描二维码支付 0.1 元就可以得到高级账户。这位小学生激动了，立刻扫描支付。结果呢，银行支付信息却显示被扣除了 900 多元。

原来，那个支付页面是一个钓鱼网站。可怕就可怕在，支付人在支付时看到的是 0.1 元，但支付后才能知道实际支付金额。

陷阱 2 号

学生小 B 有一天放学时没看到妈妈，就跟一个叫“大 F”的叔叔走了，因为大 F 主动跟老师介绍了自己的信息。而且，小 B 认识这个叔叔，因为他放学回家时常看到大 F 跟妈妈打招呼。没想到的是，大 F 竟然把他绑架了，并且向妈妈勒索 10 万元！好在妈妈及时报警，解救了小 B。

原来，小 B 有一次得奖，被妈妈拉着在自己班级门口照相。这张照片连同妈妈的各种“晒娃照”被同小区的大 F 在微博上看到了，大 F 对小 B 家的情况瞬间了如指掌。平日里游手好闲的大 F 手头正紧，于是动了歪念头，开始有意无意地在小 B 校门口蹲点、混脸熟，终于有一天发现小 B 家长没有按时出现就带走了孩子。

这类陷阱是不是更加隐蔽？在网上不经意泄露隐私，结果被“有心”之人利用了！自己给自己挖了个坑！

陷阱 3 号

学生小 C 和小伙伴们超级爱玩一款游戏，觉得里面的人物超酷，希望自己像游戏中那样勇猛。一天，小 C 和几个小伙伴跑上楼房的天台，沿着天台的爬梯攀上爬下。其中，一个小伙伴站上最高层，沿着边缘大步走。走到拐角，他还探身向下张望。另一个小伙伴居然也爬上了屋顶。这一幕让每一个看到的人直冒冷汗：如果一不小心掉下来，后果不堪设想！那可是 32 楼的天台，距离地面近百米。

但是，那些正在“走钢丝”的小学生们可是毫无惧色，他们觉得自己像游戏里的人物一样，成了战斗英雄或者飞檐走壁的高手！殊不知，这种虚拟的感觉就像一个陷阱，随时可能掉入生命攸关的深渊！

陷阱 4 号

高中生小 D 在网上认识了一个新朋友小 H，两个人经常聊天，渐渐地几乎无话不谈。有一次，小 H 告诉小 D，周末要约两个朋友去一个地方玩，问小 D 要不要一起参加。小 D 满口答应，但没有告诉家长实情。他告诉家长自己要和同学去图书馆。第二天傍晚，在约定的地方，小 D 见到了开车来的小 H 和他的朋友，然后跟他们去了一家豪华饭店。饭吃得差不多了，小 H 和朋友先后去洗手间。等到服务员拿着几千元的账单出现在小 D 面前时，他才知道那几个人已经不见了踪影，而且拿走了一些名烟、名酒。小 D 只好向父母求助，白白被骗走一大笔冤枉钱。

在网上确实可以认识很多人，但有一些人会躲在屏幕背后以各种虚假身份、虚假信息骗取信任，使人面临生命、财产方面的威胁。比如，有一个学生就是被网上“教授入侵电脑技术、包教包会外挂及用代码开通永久会员”的虚假信息所吸引，最后被骗走了 13 万元。

看，这些还只是互联网丛林陷阱中很小的一部分。这些陷阱虽然防不胜防，但还是有办法应对的。想知道应对方法就往下看吧！

问题大挑战

• 网络诈骗怎么瞒天过海?

网络诈骗是指以非法占有为目的，以网络为工具，通过虚构事实或者隐瞒真相等方法，骗取公共、集体或者私人财物的行为。对于未成年人来说，常见的网络诈骗方法有网络游戏诈骗、网络社交诈骗、网络钓鱼诈骗等。

在网络游戏诈骗中，不法分子往往利用玩家特别是未成年玩家对游戏装备、游戏币等的渴望心理，使用低价销售等方法吸引眼球并进行诈骗。在网络社交诈骗中，不法分子利用网络社交工具盗取账号或者骗取信任进行转账诈骗等。网络钓鱼诈骗是指利用网络技术伪造网站等网络应用来盗取账号信息等行为。

预防网络诈骗，我为大家总结了四“不”原则：不轻信、不贪婪、不转发、不转钱。不要轻易相信网络中夺人眼球的信息，不要贪图小便宜，不要转发未经证实的信息。最关键的是，捂住自己的钱包。未成年人如需转账付款，请在父母监护下先核实对方身份，再完成支付。

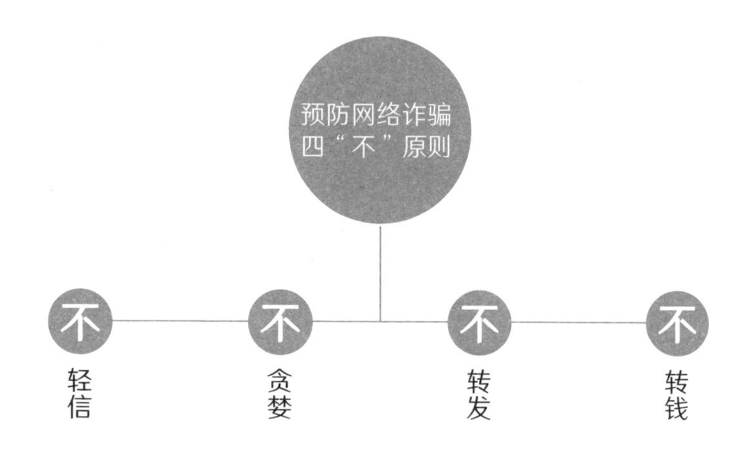

遭受了网络诈骗，一定要及时报警，减少损失。

网络隐私要“隐”什么?

网络隐私主要指网络中涉及个人身份及特征的相关信息，是现实社会中个人隐私在网络空间的延伸，主要集中在个人基本信息、个人经济信息、网上活动信息和关键通信信息等方面。对于未成年人来说，在网络中泄露个人隐私会带来很多潜在的风险，例如，暴露手机号、家庭住址、学校班级等关键信息，有可能干扰甚至骚扰你和家人的私人生活，更容易遭受诈骗、黑客攻击，甚至有可能遭受网络暴力乃至现实伤害等。

我国充分重视和保护未成年人的合法权益，《中华人民共和国未成年人保护法》新增了“网络保护”专章，未成年人的网络信息进一步得到规范管理。

• 虚拟世界中的危险动作对人有什么影响？

在网络世界中，一切脑海中的奇思妙想都能用图像方式展示出来，现实中异想天开的事物都能在虚拟世界中被创造得逼真夺目。网络游戏或者影视中的行为，特别是暴力行为和高危动作，多数是为了视觉效果而虚构的。现实世界中，暴力危险行为不仅会给自己和他人造成血淋淋的伤害，还会受到法律的严惩。更重要的是，现实中，生命一旦失去，不可能重来，而不像虚拟世界那样，一切在失去后还可以重置；现实中，失误的代价非常惨痛，远不是游戏世界那样，"掉点血"还可以"补回来"；现实中远不是数字世界那样，哈哈一笑便能"泯恩仇"。所以切勿在现实世界中模仿网络世界中的暴力高危行为。

• 网友见面需要注意什么？

网友是利用网络而相互认识的朋友，是一种特殊的"朋友"。网友与现实的朋友有很大区别，区别主要集中在交友规则不同、真实背景和秉性是否了解、是否有固定朋友活动圈、是否有信任的第三方引见等方面。对于未成年人来说，网友见面陷阱多，要格外小心。

首先，作为未成年人，坚决不要主动单独约见网友，因为无法判断“网友”身份是否真实。其次，被网友约见时要学会拒绝，例如“学习紧张”“家里有事”等都是非常合适的拒绝网友见面的理由。最后，如果确实有必要见面，一定要在家长的陪同下在公共场合见面。未成年人缺乏自我保护意识和能力，切记“防人之心不可无”。

网瘾是改变美好前程的“慢性毒药”

你多久上一次网？最长一次上网的时间有多久？你能想象一个人在8年中上网长达61000小时吗？按这个时间粗算，他岂不是每天有20小时左右都挂在网上？他在干什么？

故事要从一所著名大学附近的一家网吧说起。

在那里，在密密麻麻的电脑中间，有一个座位曾经日复一日地坐着同一个人。这个座位是77号位，那个人也因此得名——“七哥”。

“七哥”的传说是从2005年的一天开始的。那一天，他和同学走进网吧，接触到了一款叫《魔兽世界》的游戏。在这个虚拟的世界里，他感受着游戏角色带来的虚拟自由和虚幻刺激，并且很快从一个“游戏菜鸟”变成了游戏高手。到了大二，他和队友每天定点约在游戏里见面，在长时间的坚持下才打通了一个难度极高的副本，令他在游戏圈里火了一把。这个经历让他收获了来自虚拟世界的成就感。

只可惜，游戏世界的叱咤风云并不能复制到现实世界中。而且，恰恰是对网络虚拟世界的着迷，让他在真实生活中变得灰头土脸。

起初，“七哥”只是在课余时间打打游戏，到后来就开始熬夜、旷课。到了大学三年级，他开始出现考试不及格的情况。随着不及格的科目越来越多，他甚至放弃补考，结果临到毕业没修够学分，根本不能正常毕业，拿不到毕业证书。

没有文凭，他在找工作时连最基本的敲门砖都没有。这时候，网络世界里那个高等级游戏账号变得毫无用处。看着同学们一个个找到了工作，“七哥”也只能干着急。

在连连碰壁之后，毫无收入的他捉襟见肘。沉迷游戏的几年里，他从来没告诉家人自己的学习情况。这时，他既没有勇气回家，也没有脸向家人求助。于是，他又一头扎进了那家令他“不知今夕是何年”的网吧。这一次，他直接拎着行李箱，“住”在了那个因他而充满“传奇色彩”的77号位上。同时，他告诉家人自己已经找到了工作。

然而，真实的情节却是：除了吃饭、上厕所、睡觉，他几乎把所有时间都用在了打游戏上，通宵成了家常便饭。游戏里的微薄收入，成为他日常开销的唯一来源。手机欠费停机后，他甚至和家人断了联系。从此，他彻底成了一个生活在网络世界的人。在那个世界里，同样可以交朋友、赚钱，这似乎和现实生活没什么两样。直到有一天，他在游戏世界里最好的朋友突然没了音信。他才意识到，虚拟世界的一切就像泡沫一样，会随时消失。一段时间之后，那位朋友给他留言：“我回家了。这些年，你的爸妈一定也很想你，回家吧。”

但是，“七哥”没有勇气回家。有一家媒体知道了“七哥”的事，给他做了一次报道。而后，报道越来越多，他的事一传十、十传百，终于传到了家人的耳朵里。

2013 年，已经找了“七哥”几年的亲人赶到那家网吧，最终把“七哥”带回了家。回到家后，“七哥”用了很长一段时间才戒掉对网络游戏的瘾，终于重新开始了正常的工作和生活。

回看这个故事，谁能想到，一个考上著名学府的高才生，会因为游戏上瘾而变了一个人？是什么让他一步步陷入网瘾的深渊？

“网吧好像一条无形的绳子牵着我，不能不往那里走，就像着了魔。”“七哥”说。

悄悄改变美好前程，这正是网瘾的可怕之处。

问题大挑战

● 为什么上网也会“着魔”？

上网“着魔”到不受控制，很可能是网瘾在作怪。网瘾，即网络成瘾或网络成瘾障碍。“网络成瘾”这一名词最早是美国社会心理学家伊万·戈登伯格（Ivan Goldberg）提出的。根据《中国青少年健康教育核心信息及释义（2018版）》，网络成瘾指在无成瘾物质作用下对互联网使用冲动的失控行为，表现为过度使用互联网后导致明显的学业、职业和社会功能损伤。其中，持续时间是诊断网络成瘾障碍的重要标准，一般情况下，相关行为至少持续12个月才能确诊。

“网瘾”主要分为电脑网瘾和手机网瘾，具体体现在网络游戏成瘾、网络交往成瘾、信息收集成瘾、网络购物成瘾和网络色情成瘾等。

● 为什么未成年人更容易产生网瘾？

据相关研究表明，网瘾的产生原因是多方面的。未成年人处在生理和心理发育阶段，尤其容易染上网瘾并深受其害。12～16岁的青少年是网瘾的高发人群。

首先是青少年的自身因素。未成年人身心快速发展，对外界充满好奇，并且在心理方面对安全认知较少，内心深处在尊重、自信等方面无法得到满足，更容易形成对网络的过度依赖。其次，网瘾的发生还有许多外部环境因素。例如，在家庭方面，家长用网习惯、家庭结构和教养方式等对未成年人网瘾的发生有很大影响。《2020年全国未成年人互联网使用情况研究报告》显示，24.7%的家长认为自己对互联网存在依赖心理，如果闲下来不上网会感到不舒服。另外，学校方面的教育方式、社会方面的多元价值观念冲突等，都有可能诱发未成年人的网瘾。

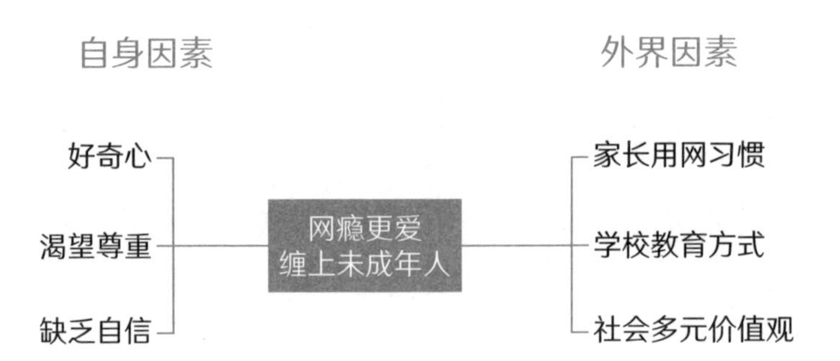

到哪儿都想连 Wi-Fi 上网，这算网瘾吗？

到哪儿都要问有没有Wi-Fi，手机联不上网就感觉不适应。这说明上网特别是手机上网已经成为学习、生活的常态。据相关报告，2020年我国6～18岁的未成年网民已达到1.83亿，使用手机上网的未成年人比例高达94.9%。2021年我国城镇未成年人互联网普及率达到95.0%，农村为94.7%。然而，喜欢上网、想上网、上完网觉得意犹未尽还不能直接和“网瘾”画等号。

未成年人限时上网是否有法可依？

“业精于勤，荒于嬉”，沉迷网络会给身心带来很大的伤害。为了保护未成年人，我国于2020年颁布并于2021年6月1日开始实施新修订的《中华人民共和国未成年人保护法》，专门增加了网络保护部分。例如，未成年人的父母或者其他监护人应当通过在智能终端产品上安装未成年人网络保护软件、选择适合未成年人的服务模式和管理功能等方式，避免未成年人接触危害或者可能影响其身心健康的网络信息，合理安排未成年人使用网络的时间，有效预防未成年人沉迷网络。

对于网络游戏，国家新闻出版署2021年专门下发《关于

进一步严格管理 切实防止未成年人沉迷网络游戏的通知》，切实保护未成年人身心健康。严格限制向未成年人提供网络游戏服务的时间，所有网络游戏企业仅可在周五、周六、周日和法定节假日每日20时至21时向未成年人提供1小时服务，其他时间均不得以任何形式向未成年人提供网络游戏服务。

国家网信办推出的青少年防沉迷系统，采用统一运行模式和功能标准。在“青少年模式”下，短视频等内容每日使用时长限定为累计40分钟，还有其他有益于青少年发展的具体措施。我国推出的这些举措对于在互联网时代呵护未成年人健康成长具有创新性意义。

管理好上网时间，也是未成年人在互联网时代保护自我身心健康的重要能力。

探索发现

网络安全思维

主动防御思想，君子不立危墙之下

《孙子兵法》中指出：“凡先处战地而待敌者佚，后处战地而趋战者劳，故善战者，致人而不致于人。”其含义是，战争时先赶到战地而等待敌人则处于有利地位，后赶到战地而劳累被动则处于不利地位，善于作战的将领总是调动敌人而不被敌人所调动。其本质是主动防御，而不是被动应战，这就是主动防御思想。在与“黑帽子”黑客、不法分子、病毒“作战”时，在互联网“魔法丛林”中与网络诈骗、隐私泄露、网络成瘾“交锋”时，我们更要养成主动防御的思想。

主动防御思想告诉我们，首先要主动学习和掌握网络安全知识，而不是被动应对网络攻击，例如合理使用杀毒软件、防火墙等工具。其次，要主动远离高风险的网络行为，例如尽量不访问陌生、奇怪的网站，不要下载和点击陌生邮件附件，不要在网络中分享敏感信息，更不要私自与网友见面等。最后，当在网上遇到危险时，要主动保护自己，例如未成年人遇到网络暴力时要及时告诉家长或使用互联网监管工具进行举报等。

只有主动防御，决胜于千里之外，而不是被危险“围城”，才能确保自身安全。

网络安全实验室

刺向网络诈骗的利剑——“国家反诈中心”APP

网络诈骗形式多样，变种繁多，普通网民难以辨别。互联网并非法外之地，我国非常注重依法对互联网进行治理。“国家反诈中心”APP 是我国推出的打击网络诈骗重要平台，该 APP 集情报研判和侦查指挥等功能于一体，能够帮助网民有效防范和打击网络诈骗。

实验一：屏幕后面是人还是狗？

在网络世界中，你永远不知道屏幕后面是一个人还是一条狗。这就是互联网用户的真实体验，所以千万不要轻易相信网络另一端说的甜言蜜语。如果现实生活中确实需要在网络中转账汇款等操作，那我们应该如何降低风险呢？首要工作就是确认对方身份。实验之前请在手机上正确安装“国家反诈中心”APP。

实验工具：手机、“国家反诈中心”APP。

实验目的：利用“国家反诈中心”APP 确认对方身份。

实验过程：巧用“国家反诈中心”APP 确认对方身份，让网络中的“妖魔鬼怪”现出原形。

如果你接到陌生电话、神秘短信和网络聊天，套取你和家人的信息，确认对方真实身份非常重要。

首先，使用手机打开“国家反诈中心”APP，点击“身份核验”功能，输入陌生电话进行身份核验。此时“国家反诈中心”APP 将核验请求发给对方，只有对方使用人脸识别等进行身份核验并通过验证后，才能再继续与对方沟通。

对方身份核验通过后，在“国家反诈中心”APP 的核实记录里就会显示该手机号“已核实”的标记。否则，就要高度警惕对方的真实身份。

通过实名核验等手段，让网络另一端的人现出真身，然后继续沟通，岂不是更安全？

实验二：让可疑网络链接和银行账户无处藏身

实验工具：手机、“国家反诈中心”APP。

实验目的：利用“国家反诈中心”APP 甄别可疑账号或网络链接。

实验过程：巧用“国家反诈中心”APP 判断账号或网络链接是否存在风险，避免上当受骗。

如果陌生人需要你进行转账汇款或者发给你一个陌生网络链接地址，那我们就要对信息进行进一步核实。

首先，使用手机打开“国家反诈中心”APP，点击“风险查询”功能。我们可以输入对方发送过来的银行卡号或其他支付账号，也可以输入对方发过来的可疑网络链接，还可以输入对方聊天工具的账号。然后“国家反诈中心”APP“风险查询”

功能将帮助我们进行进一步核查。

“国家反诈中心”APP 是个功能非常强大的电信网络反诈平台，除了上述功能外，还可以对手机自身安装的 APP 进行检查，甚至可以通过它来举报网络诈骗行为。你能发现更多有趣有效的防诈骗功能吗？

注意：“国家反诈中心”APP 是我国发布的用于打击网络诈骗的重要应用系统，请不要恶意使用该工具哦。

互联网生存法则

“一二三四”法防诈骗

互联网快速发展，互联网应用越来越丰富。面对复杂的情况，无论是大人还是小朋友都很难及时鉴别出网络诈骗活动。为了尽可能减少、避免网络诈骗损失，除了学会使用相关互联网工具外，还可以用“一二三四”法加强防护能力。

“一二三四”法

一个原则：重要事项要求证。

二个“相信”：相信只有劳动才能创造价值；相信天上永远不会掉馅饼。

三个“小心”：小心陌生网名及号码；小心新奇巧合事件；小心家庭财产等敏感信息泄露。

四个“凡是”：凡是陌生号码让你汇款或转钱，请直接挂掉；凡是陌生号码让你说出验证码，请直接拒绝；凡是陌生网民让你点击长链接，请直接删掉；凡是陌生短信告诉你已中奖，请直接拉黑。

“金榜题名”法防网瘾

目前，很多心理学家针对青少年网瘾开展研究工作，在许多方面取得了一定的成效。在培养青少年安全上网方面，建议家长、学校和未成年人一起加强互动，积极探索方法。这里，我为小朋友和家长朋友总结了“金榜题名”法。

“金榜题名”法

(1) 黄**金**时间不能忘

未成年人上网时间要有节制。一次性连续上网不宜超过30分钟。大家可以结合“青少年防沉迷系统”合理规划上网时间。

(2) 家长社会树**榜**样

家长自身要养成科学用网习惯，给孩子树立良好榜样。学校和社会也要积极宣传正能量，共同培养孩子正确的“三观”。

（3）相如题柱明志向

帮助未成年人早立志向，不要在短暂的快乐中迷失自我。

（4）名山胜水才艺强

鼓励未成年人多参加户外活动和丰富多彩的课余活动，将注意力从上网转移到文体爱好中。

如果未成年人出现严重网瘾现象时，家长需要高度重视，并采取积极、科学的方式进行疏导，如有必要，可以请教专业机构做科学辅导。

“非常 6+1 ”法防隐私泄露

针对如何保护未成年人网络隐私，我为大家总结了“非常6+1”法。

“非常 6+1 ”法

非必要时不要使用敏感信息进行注册

注册网络账号时要在监护人指导下完成，非必要时不要填写真实信息，非必要时更不要填写敏感信息。

常用电子设备不要共享

很多手机和平板电脑等常用电子设备存储着许多个人和家庭的私密信息，不要轻易与他人分享使用，更不要交给陌生人。

6个“小心”

添加网友时要小心。

与不认识的网友互动时要小心。

社交平台分享隐私和敏感信息时要小心。

使用公共 Wi-Fi 时要小心。

下载来历不明的应用软件时要小心。

邮箱网页“记住密码”时要小心。

一个“自律”

互联网行业要自律，规范网络个人信息管理和使用，遇见违法行为，小朋友和家长要主动举报。

互联网趣人趣事

世界上第一台通用计算机的重量

1946年2月，在美国宾夕法尼亚大学诞生了世界上第一台可编程的通用计算机，简称为埃尼亚克（英文简写为“ENIAC”）。这台计算机可是个庞然大物，它长30.48米，宽6米，高2.4米，整体占地面积约170平方米，重达30吨，相当于 4 头成年非洲大象的体重。埃尼亚克计算机当时造价约 48 万美元，这在 20 世纪 60 年代可是一笔巨大的研发费用。这台计算机主要用于军事研究，同时也打开了计算机科学技术发展的新纪元。

第七章

法律与人才：为网络安全保驾护航

罪与罚：永恒的达摩克利斯之剑

你还记得“勒索”病毒吗？在那场网络病毒灾难中，除了微软及时发布的病毒补丁，还有一个人让全球网民松了一口气。他就是英国人马库斯·哈钦斯。

WannaCry 勒索病毒暴发后，安全研究员哈钦斯在追踪病毒源头时，发现了一个可疑的、没人注册的网络域名，于是自掏腰包注册了这个域名，尝试追踪网络病毒。没想到，这个域名正是 WannaCry 勒索病毒的“自毁开关”。于是，哈钦斯成功阻断了 WannaCry 勒索病毒的更大规模扩散，一时间名声大噪。

然而，更令人想不到的是，几个月后，哈钦斯却在拉斯维加斯参加完一场信息安全会议后被逮捕了。原来，在网络安全领域成为“大名人”之前，哈钦斯开发过针对银行的木马病毒，并参与过一些恶意软件的线上宣传营销，因此受到指控。

哈钦斯认罪后在网站发布的声明中说：“我很后悔做出这些行为，

并将为我的过错承担全部责任。”被释放后，哈钦斯还被处以一年的监督释放，也就是刑期结束之后仍需要受到一定的监督。

虽然充满戏剧性的哈钦斯式事件不常有，但是在互联网无处不在的时代，我们头上随时随处都高悬着达摩克利斯之剑。网络安全法律法规已经成为全球网络世界不可或缺的防御堡垒，而这道防线其实就存在于每一个人的日常学习、生活之中，如果有人随意试探，后果会是什么呢？

2020 年 5 月 30 日，一位刘姓家长在微博上发消息，称其有哮喘病史的女儿被体罚导致吐血。并且，她还上传了女儿在医院看病的一组照片，照片中有带有明显血迹的衣服。这条消息在短时间内被转发超过百万次，被网友阅读 5.4 亿次，登上微博热搜。舆论迅速引爆，将涉事学校和教师推上风口浪尖。

然而，5 月 31 日凌晨，事件反转。根据警方通报，消息中的情节是刘姓家长为扩大事件影响而故意编造的谎言，照片中衣服上的“血迹”竟然是化妆品和水。这位家长还通过注册微博、微信账号方式，冒充其他家长恶意散布传播。为了持续提高网络关注度，她甚至花钱购买“点赞”“转发”等服务进行炒作。这一系列操作彻底突破言论自由的合理边界和底线，在网络上引发轩然大波，严重破坏公共秩序，造成恶劣影响。

同时，警方顺藤摸瓜，通过进一步侦查，打掉非法提供推广营销等服务的营利性代刷平台，抓获了相关犯罪嫌疑人。最终，造谣的家长、利用网络散布谣言的背后推手以及非法网站平台经营者均受到法律的严惩。

法网恢恢，疏而不漏。即便到了用技术挑战一切想象的新纪元，这句老话仍然是永恒的达摩克利斯之剑。

问题大挑战

• 为什么说虚拟的网络逃不过现实的“铁律”？

互联网绝非法外之地。针对互联网，很多国家都制定了法律法规，比如2014年日本颁布《网络安全基本法》，2015年美国和德国先后颁布《美国网络安全法》《德国网络安全法》等。依法治网，维护公民在网络空间合法权益已经成为广泛共识。

在我国，依法管网、治网是我国全面依法治国的重要组

法律

中华人民共和国国家安全法
中华人民共和国网络安全法
中华人民共和国数据安全法
中华人民共和国个人信息保护法
中华人民共和国刑法
中华人民共和国治安管理处罚法
中华人民共和国未成年人保护法
中华人民共和国预防未成年人犯罪法
……

行政法规

关键信息基础设施安全保护重要条例
互联网上网服务营业场所管理条例
信息网络传播权保护条例
互联网信息服务管理办法
计算机软件保护条例
中华人民共和国电信条例
……

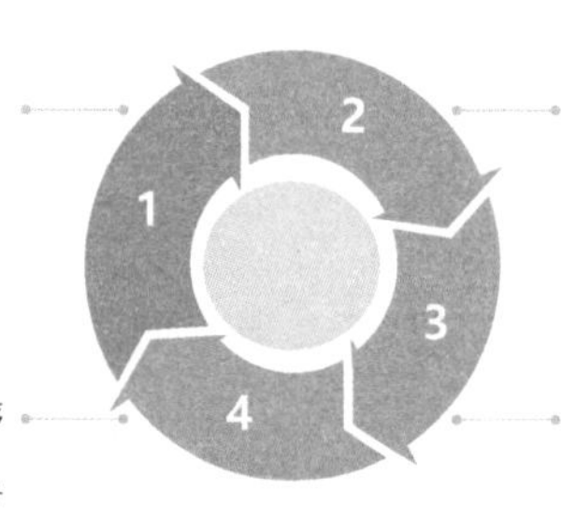

部门规章

儿童个人信息网络保护规定
网络信息内容生态治理规定
互联网信息服务算法推荐管理规定
网络案例审查办法
互联网新闻信息服务管理规定
电信和互联网用户个人信息保护规定
网络出版服务管理规定
规范互联网信息服务市场秩序若干规定
……

规范性文件

常见类型移动互联网应用程序必要个人信息范围规定
互联网用户公众账号信息服务管理规定
网络音视频信息服务管理规定
微博客信息服务管理规定
互联网群组信息服务管理规定
互联网跟帖评论服务管理规定
互联网直播服务管理规定
互联网用户账号名称管理规定
……

成部分。2017年施行的《中华人民共和国网络安全法》是我国第一部全面、系统的关于国家网络安全的基础性法律。这部法律的颁布标志着我国网络空间法治建设进入了新阶段，具有里程碑意义。

《中华人民共和国网络安全法》作为一部基础性的网络安全法律，为我国后续颁布的《关键信息基础设施安全保护条例》《网络产品安全漏洞管理规定》等一系列法律法规奠定了基础。更重要的是，以《中华人民共和国国家安全法》为龙头，《中华人民共和国网络安全法》《中华人民共和国个人信息保护法》和《中华人民共和国数据安全法》等多部法律有机组合，我国正在形成以国家总体安全观为指引的有效法律体系。

● 遇到网络违法犯罪该向谁求助？

知法懂法，才能守法用法。想远离网络攻击和网络伤害，从小就要培养网络安全意识，包括网络安全防范常用方法和相关法律。从2014年开始，我国每年都举办“国家网络安全宣传周”，向民众普及网络安全知识，增强民众网络安全意识，学会利用法律武器，从根本上保护自己的合法网络权益。

一旦遇到网络违法犯罪，和现实生活中应对违法犯罪行为一样，可以拨打“110”报警。

此外，网络违法犯罪举报网站（cyberpolice.mps.gov.

cn）也可受理涉嫌违反《全国人民代表大会常务委员会关于维护互联网安全的决定》《中华人民共和国刑法》《中华人民共和国治安管理处罚法》《互联网信息服务管理办法》等法律法规有关条款规定，提供利用互联网或针对网络信息系统从事违法犯罪行为的线索。

注意：网络违法犯罪举报网站不具备现场、紧急报警的受理功能，如情况紧急，请立即拨打报警电话“110”。

• 哪些法律保护未成年人的合法网络权益?

面对网络对生活的不断渗透和未成年人网络沉迷现象的复杂化，我国在持续筑牢未成年人网络保护法律防线方面作出了很多努力。

2021年6月1日，新修订的《中华人民共和国未成年人保护法》正式实施，将“网络保护”单设一章，对未成年人网络保护理念、网络环境建设、网络企业责任、网络信息管理、个人信息保护、网络沉迷和网络欺凌防治等作出全面规范，初步构建起我国未成年人网络保护的法律基础，在推动未成年人网络保护发展中迈出了决定性的一步。此外，经多年努力，我国网信部门在2022年4月发布了《未成年人网络保护条例（征求意见稿）》并公开征求意见，我国未成年人网络保护体系将会得到进一步完善。

wow！这个职业有点酷！

在未来世界，你想从事一份什么样的工作？成为一个什么样的人？

科技新物种大爆发的当代，有一份叫《麻省理工科技评论》的杂志从1999年开始，针对信息技术、生物技术、能源材料、人工智能等新兴技术行业，每年都在寻找同一类人：在全球35岁以下的科技青年中，谁会是最有可能改变世界的科技创新牛人？

为此，这一杂志发起了“35岁以下科技创新35人”（TR35）评选项目，站在全球视角，从前沿科学、新兴技术、创新应用中每年遴选出对未来的科技发展产生深远影响的创新领军人物。在国外，获得这一奖项的人有Facebook的创始人扎克伯格、Google的创始人拉里·佩奇、Linux之父林纳斯·托瓦兹等。

2017年，32岁的吴翰清入选，他也是中国互联网安全领域入选的第一人。《麻省理工科技评论》称，吴翰清研究出一种新的防御机制，它可以在网站受到攻击时，将原本单个网络地址收到的攻击流量疏导到数千个网络地址。这种“弹性安全网络”技术可以瞬间化解网络攻击中倾灌的洪水般的巨大流量，这种方式也大大减少了维护网络安全的成本。

没错，当我们在网上悠然地享受购物狂欢或者冲浪的时候，其实总有那么一群人在不分昼夜地“拉线布防”乃至“奋力鏖战”。他们以此为职业，在虚拟世界中完成了最真实的守护。著名网络安全专家杜跃进曾说过：“人生为一大事而来，我的这个大事，就是中国的网络安全。”

除了这些网络安全专家，你听说过360集团、中国网安、绿盟科技、天融信、金山吗？没错，我国有一批专业的互联网安全服务提供商，他们不断创新科技，并用以加固互联网。在那里，他们培养和聚集着一批高能量的“白帽子军团”，一起为这个时代的网络安全保驾护航。你有没有兴趣成为其中的一员？甚至成为下一个改变世界的人？

问题大挑战

• 网络安全行业是朝阳行业吗？

朝阳行业一般是新兴行业，具有强大生命力和技术突破创新能力，前景广阔并且代表未来发展的趋势。那种奋力向上的发展势头和奥林匹克格言“更快、更高、更强、更团结”很匹配。我们干脆就借助这一广为人知、形象具体的体育赛事精神来聊一聊网络安全行业。

“更快”。网络安全行业新兴技术层出不穷，技术驱动行业发展的速度越来越快；我国信息化建设提速，网络安全行业作为信息化建设的基础保障一定会同步高速发展。

“更高”。网络安全行业有很多高手参与，但仍然人才短缺，人才需求不断高涨；《网络安全产业人才发展报告》白皮书显示，我国网络安全产业人才需求高速增长，仅2021年上半年人才需求总量较2020年增长高达39.87%。通信、新能源、金融证券、电子技术等行业都开始迫切需要网络安全人员。

“更强”。网络安全行业从最早“锦上添花”的边缘行业走向“人气”高涨的高价值行业，行为价值增长趋势越发强劲。工信部《网络安全产业高质量发展三年行动计划(2021—2023年)(征求意见稿)》提出，到2023年，发展目标之一是网络安全产业规模超过2500亿元。

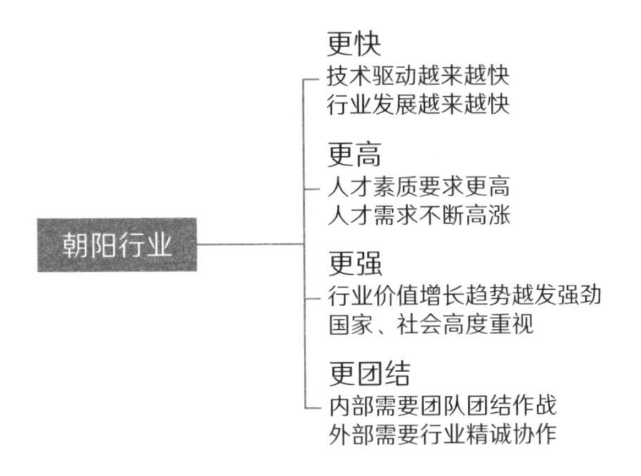

“更团结”。网络安全行业在内部讲究团队作战，在外部讲究行业协同，这就注定这一行业势必在“命运共同体”这个大理念下成就大作为。

结合前面讲到的内容，你可以再体会一下说网络安全行业是“朝阳行业”的意味。

• 技术“大牛”是万能的吗？

我们在前面说过，没有绝对的网络安全，最先进的技术也没办法保证绝对安全。网民在网络上都有自己的行为足迹、行为习惯，这些就足够为“攻击者”提供线索。而当你在网上留下人脸信息、指纹信息、虹膜信息等，其实就在网上留下了具有生物特征的识别信息。如果这些信息被“黑帽子”掌握并任意修改，那么在网络上，你将不再是你。是不是很可怕？单凭技术是无力解决这种问题的。

也就是说，网络安全已经超越了纯粹的技术。为了解决网民行为模式等带来的安全漏洞，不仅要通过技术手段，还需加入社会学、心理学、行为模式等方面的研究。未来的信息安全保护需要的是多学科协作。

面对朝阳行业，未来并没有一个标准的、固定的答案，技术“大牛”也不是万能的！那什么才是呢？

• 谁才是网络安全的未来之光？

网络安全领域是一个充满想象和挑战的新领域。它的未来势必充满无限探索。为了让这种探索后继有人，我们国家在2015年将“网络空间安全”增列为一级学科，和数学、物理学、计算机科学与技术等学科并列，加快网络空间安全高层次人才培养。中国科学院大学、北京邮电大学等知名学府还成立了网络空间安全学院来支持国家网络空间安全战略。截至2021年，清华大学、武汉大学、北京航空航天大学等73

所院校开设了网络空间安全专业硕士点。而早在2016年，清华大学、北京交通大学等29所高校获中国首批网络空间安全一级学科博士点。

如果你还是中小学生，心里有想试一试的冲动，那么可以在这几个方面悄悄下功夫：学好基础知识，例如网络空间安全专业所涉及的《信息安全数学基础》《密码学》等内容都需要扎实的数学功底；培养计算机和网络的爱好，勤于动手，兴趣和实践是你最好的职业向导；多想多问培养探索精神，提升人文社科等各方面的素养，这些会赋予你与众不同的创新能力，在网络空间安全这样一个新型综合领域展翅高飞，成为网络安全的未来之光！

最后，请记住《人类简史》的作者、历史学家尤瓦尔·赫拉利的名言：未来人类要准备好，每十年要重塑自己一次。

探索发现

网络安全思维

一万小时定律，时间是成长最好的朋友

你想成为顶级的网络安全“大神”吗？想象一下，面对别人束手无策的网络病毒，你却能轻松搞定；网络瘫痪时其他人如热锅上的蚂蚁，你却能够挺身而出成为“超级英雄”。酷！不过，成为顶级的网络安全“大神”并非易事，至少需要一万小时的认真学习和辛苦实践。这就是著名的“一万小时定律”。

该定律是作家格拉德威尔在《异类》中提出的，“人们眼中的天才之所以卓越非凡，并非天资超人一等，而是付出了持续不断的努力。一万小时的锤炼是任何人从平凡变成世界级大师的必要条件”。如果按照每天投入 8 小时，一周 5 天学习，大约需要 5 年时间。意大利文艺复兴绘画大师达·芬奇通过无数次重复画鸡蛋奠定了坚实的绘画基础，最终完成了《最后的晚餐》《蒙娜丽莎》等传世名作。

如果想做成一件事，就需要坚持与努力。很简单的一句话，你能做到吗？

网络安全实验室

拿起阻挡不良信息的坚盾

互联网不良信息已经成为影响未成年人身心健康的重要因素之一。面对互联网不良信息，我们如何去做？是“以暴制暴”“推波助澜”，还是“依法用法”？我国对网络空间治理高度重视，2019 年，颁布了《网络信息内容生态治理规定》，这一规定以网络信息内容为主要治理对象，以建立健全网络综合治理体系、营造清朗的网络空间、建设良好的网络生态为目标，加强对不良信息等内容的管理，并强调违反本规定构成犯罪的，依法追究刑事责任。并且，在应对不良信息方面，我国网信部门发布了一个权威的实用工具——“网络举报”APP。“网络举报”APP 是我国针对互联网不良内容的重要举报平台，如果我们能够正确、有效地使用该平台，及时发现和举报网络不良信息，就会在更加清朗的网络空间学习和生活。让我们一起学习和练习如何使用这个阻挡互联网不良信息的坚盾吧！

对互联网不良信息说“No”

微博、微信、抖音、快手等互联网应用为我们的生活增光添彩，甚至可以帮助我们轻松创造和分享精彩生活。但是，错误知识、人肉搜索、网络暴力等互联网不良信息也干扰甚至破坏着我们的正常生活。

如何免受不良信息的侵扰呢？下面我们一起做个实验，利用“网络举报”APP 来扫清互联网中的污垢吧。实验之前请在手机上正确安装“网络举报”APP 并注册。

实验工具：手机、“网络举报”APP。

实验目的：学习和实验如何使用“网络举报”APP，共同维护清朗的网络空间。

实验过程：巧用“网络举报”APP举报入口，将互联网不良信息一网打尽。

首先，将干扰你的不良信息进行分类，例如先判断不良信息是否属于“政治类”“暴恐类”“诈骗类”“色情类”“低俗类”“赌博类”“谣言类”和“侵权类”，如果都不属于，就把该信息归于“其他类”。

然后，保留证据。例如，记录不良信息的网络地址，对内容进行截图或下载留存等。

最后，登录手机，打开“网络举报”APP，在“举报入口”功能里选择相应的举报类型，按照提示将其内容填写到相应的输入框中。成功提交后，网信部门将会及时对这些信息进行鉴别，并督导相关部门进行处理。

“网络举报”APP是一个非常实用、有效的互联网不良信息举报平台，同时还提供了网页版本（www.12377.cn）和举报电话（12377）。请记住这些方式，关键时刻能派上大用场。

注意：“网络举报”APP是我国发布的用于打击互联网不良信息的重要应用程序，请不要恶意使用该工具哦。

学法用法好少年

虽然技术驱动着网络发展，但网络安全不只是个技术问题，我们更不能认为它只是网络安全专家的工作内容。网络安全是为了保障我们每一个网民的上网安全，更需要依靠每一个人参与其中。我国近几年举办的国家网络安全宣传周活动，以“网络安全为人民，网络安全靠人民”为主题，传播网络安全基础知识。

为了让大家学习、了解如何用法律这个武器合理保护自己，我从这些法律中总结了如下“学法用法好少年”口诀。

学法用法好少年

安全意识要牢记，龙潭虎穴需远离。

遇到伤害莫着急，法律法规是利器。

填报信息要注意，征求家长要同意。

虚假信息要警惕，网页网址留痕迹。

健康成长不容易，低俗内容要关闭。

网络欺凌莫回避，投诉举报要积极。

登录网游看年纪，不能成瘾莫叛逆。

遇见分歧不生气，凭借法律辨事理。

互联网趣人趣事

计算机科学里的“诸葛亮”：冯·诺依曼

诸葛亮是我国历史上杰出的政治家、军事家和发明家，堪称“全能型”人才。计算机世界里也有一个诸葛亮式的传奇人物——冯·诺依曼。

冯·诺依曼是20世纪最伟大的全才型科学家之一，是科学世界里的旷世奇才，一生在众多领域中取得惊人的辉煌成绩。在计算机领域，冯·诺依曼和同事们设计出了一台完整的现代计算机雏形，并确定了存储程序计算机的5大组成部分，包含运算器、控制器、存储器、输入设备、输出设备，奠定了现代计算机的体系结构基础，因此冯·诺依曼被大家公认为“现代计算机之父”。冯·诺依曼与朋友合著过一本《博弈论与经济行为》，博弈论在金融、生物、国际关系和计算机等多个领域得到广泛应用，甚至很多电子游戏里的策略都使用和借鉴了博弈论原理，冯·诺依曼也因此被称为“博弈论之父”。“二战”爆发后，冯·诺依曼积极参加了同反法西斯战争有关的多项科学研究计划，参加了原子弹的研制，为世界和平作出了重大贡献。此外，他在数学、物理方面也取得了巨大成就。

“网络生存”征集令

1 号征集令

“互联网科学小达人——问题大挑战！”

科学是怎么产生的？科学源于自由而独立的思考，就比如阿兰·图灵，他一生都沉浸在有趣的思考中。无论是他在小时候想到的“玩具水手埋进土里就会像苹果树一样结出很多小水手”，还是长大后提出的“机器能思考吗”，虽然听起来都有些不可思议，但就是在不断思考和发问中，他开创了图灵机模型，并为人工智能奠基，一个新兴时代得以开启。

一个问题的宝贵之处在于，你永远不知道它将会带来什么样的契机和奇迹！所以，我们寻找爱思考、爱提问的科学小达人！你在读《给孩子的网络生存课》的时候，有没有联想到一些问题？或者你还想围绕互联网了解哪些方面的问题？如果愿意，快来参加问题大挑战吧！

问题包括但不限于如下方面：

1. 和计算机、互联网相关的任何问题。

2. 问题可以是一句话、一段话，总之说明白你的迷惑和好奇。

3. 你还可以尝试自问自答，无论你给出的答案是什么，都可以表达出来。

2号征集令

“网络安全科普使者——联防行动！”

当你读完《给孩子的网络生存课》，你是不是收获了不少有关网络世界的安全生存技能？你有没有打算把这些技能传播出去，让家人、朋友知道怎么在网络世界保护自己？你还有没有一些不一样的想法？如果答案是“Yes”，那就加入我们吧！

1. 你可以写一篇文章，内容可以是你对网络安全生存知识、思维等的思考，也可以是你和父母、老师及同学在网络安全方面的经历和故事等，字数不限。

2. 你可以绘画，围绕网络安全相关的一个知识点或者场景创作科普画，可以是一幅画，也可以是一组画。画作大小为4开或者8开，画面横竖皆可，须为拍照或扫描的电子文件，清晰完整，并注意保存原图。

参与方式：

方式一：关注“网络生存岛”公众号，并以私信方式发送问题、文章和画作。

方式二：请将问题、文章和画作发送至电子邮箱：internet_island@163.com

欢迎你速速揭榜！

你有可能获得：

1.《给孩子的网络生存课》的作者发给你的加密回信。

2. 你的问题、文章、画作有可能出现在本书作者的新书中，或者在“中国妇女出版社”公众号和“网络生存岛”公众号上公益发布。

3.“互联网科学小达人”“网络安全科普使者”的荣誉证书。